D1746221

ICEMAN *photoscan*

by Marco Samadelli

A mio padre, per avermi trasmesso la sua passione per la fotografia come speciale forma di comunicazione.

Verlag Dr. Friedrich Pfeil · München · ISBN 978-3-89937-098-0

Editor – Editore – Herausgeber:
EURAC Research
INSTITUTE FOR MUMMIES AND THE ICEMAN
Druso Str. 1, 39100 Bolzano - Italy
e-mail: mummies.iceman@eurac.edu
www.icemanphotoscan.eu

Director – Direttore – Direktor:
Albert Zink

Concept, text editor and project – Ideazione, testi e progetto – Konzept Texte & Design:
Samadelli Marco

Graphics and design – Grafica e design – Grafik und Design:
Dania Chittaro, Staschitz Digital, Merano (BZ), Italy

English Translation – Traduzione in inglese – Übersetzung ins Englische:
Jim Crittenden e Francesca Rollandini,
LC&C Language Consulting & Communications, Trento, Italy

German translation – Traduzione in tedesco – Übersetzung ins Deutsche:
Bruno Ciola, Linguatech snc, Bolzano, Italy

Bibliografische Information der Deutschen Nationalbibliothek
Die Deutsche Nationalbibliothek verzeichnet diese Publikation in der Deutschen Nationalbibliografie;
detaillierte bibliografische Daten sind im Internet über http://dnb.d-nb.de abrufbar.

© EURAC-Institute for Mummies and the Iceman, Bolzano 2009

Publishing house – Casa editrice – Verlag:
Dr. Friedrich Pfeil, Wolfratshauser Straße 27, 81379 München, Germany
www.pfeil-verlag.de

Print – Stampa – Druck:
Advantage Printpool, Gilching, Germany

Printed in the European Union

ISBN 978-3-89937-098-0

PREFACE

Many think I am a lucky man because I am one of few people in the world who has the possibility to see at first hand and literally touch one of the most ancient and best preserved mummies ever discovered. In fact, for 10 years now, I have been personally responsible for the preservation of the Iceman, a human mummy dating back 5,300 years.

The uniqueness of these valuable remains has required a long and thorough process of technological development, which has led to the current solutions adopted for efficacious preservation of the Iceman. The enthusiasm and the knowledge of doing something unique and important, has inspired me to push on with new projects. This book is dedicated to the most recent of these projects: "Iceman photoscan" – made possible by EURAC, "Institute for Mummies and the Iceman" in Bolzano which gave me concrete support and the resources necessary for the creation of a system that provides a full and detailed photographic documentation of the mummy's entire body, and which can be easily accessed by anyone via the internet.

Thus, everyone has the opportunity to see and study what I have had the privilege of accessing over the years.

I am sure that the uniqueness of this documentation, shared freely worldwide shall soon provide unexpected responses from the scientific community.

My underlying hope is that of having achieved a milestone in the sharing, via the internet, of Archaeological Finds which belong to every one of us.

PREFAZIONE

Molti mi ritengono fortunato perché sono tra le poche persone al mondo che hanno la possibilità di vedere e toccare con mano una mummia tra le più antiche e meglio conservate fino ad oggi scoperte. Questo perché da dieci anni mi occupo in prima persona della conservazione dell'Iceman, la mummia di un uomo risalente a 5.300 anni fa.

La particolarità di questo prezioso reperto mi ha imposto un lungo e rigoroso processo di sviluppo tecnologico, che mi ha condotto alle attuali soluzioni per il suo corretto mantenimento. Solo l'entusiasmo e la consapevolezza di fare qualcosa di esclusivo ed importante mi ha spinto a realizzare sempre nuovi progetti. Uno dei più recenti è quello descritto in questo libro: "Iceman photoscan", concretizzato grazie all'"Istituto delle Mummie e l'Iceman" dell'EURAC di Bolzano, che mi ha supportato nell'ideazione di un sistema che ha permesso di ottenere una completa e dettagliata documentazione fotografica dell'intero corpo della mummia, che può inoltre essere facilmente fruibile da chiunque attraverso internet.

Dare quindi la possibilità a tutti di vedere e studiare quello che io ho il privilegio di fare in esclusiva da anni.

Ho la certezza che l'efficacia di questa singolare documentazione condivisa a livello mondiale senza limitazione di accesso, possa presto dare delle risposte inaspettate da parte della comunità scientifica.

Rimane la speranza di aver creato un nuovo standard per la messa in rete di Beni Culturali che appartengono ad ognuno di noi.

VORWORT

Viele halten mich für einen Glückspilz: Als einem von wenigen Menschen ist es mir vergönnt, eine der ältesten und am besten konservierten Mumien der Welt aus nächster Nähe zu sehen und mit ihr auf Tuchfühlung zu sein.

Seit zehn Jahren kümmere ich mich nämlich höchstpersönlich um die Konservierung des „Mannes aus dem Eis", der Mumie eines Menschen, der vor 5.300 Jahren gelebt hat.

Die Einzigartigkeit dieses wertvollen Fundstücks erforderte einen langen und rigorosen Prozess der technologischen Entwicklung, der mir erlaubte, die heutigen Lösungen für seine korrekte Konservierung zu finden. Nur die Begeisterung und das Bewusstsein, etwas Exklusives und Bedeutendes zu tun, hat mich zu immer weiteren Projekten getrieben. Eines der neuesten wird in diesem Buch beschrieben: „Iceman Photoscan", die Entwicklung eines Systems zur Zusammenstellung einer kompletten und ausführlichen fotografischen Dokumentation des gesamten Körpers der Mumie, die außerdem von jedermann über das Internet genutzt werden kann. Realisiert dank des „Institute for Mummies and the Iceman" der EURAC Bozen, die mich bei diesem Projekt unterstützt hat.

Es sollte also allen die Möglichkeit gegeben werden, das zu sehen und zu studieren, was seit Jahren mein ausschließliches Privileg war.

Ich bin überzeugt, dass diese einzigartige Dokumentation, die weltweit jedermann ohne Einschränkung zugänglich ist, bald zu unerwarteten Erkenntnissen in der wissenschaftlichen Gemeinschaft führen wird.

Es bleibt die Hoffnung, einen neuen Standard für die Online-Bereitstellung von Kulturschätzen geschaffen zu haben, die uns allen gehören.

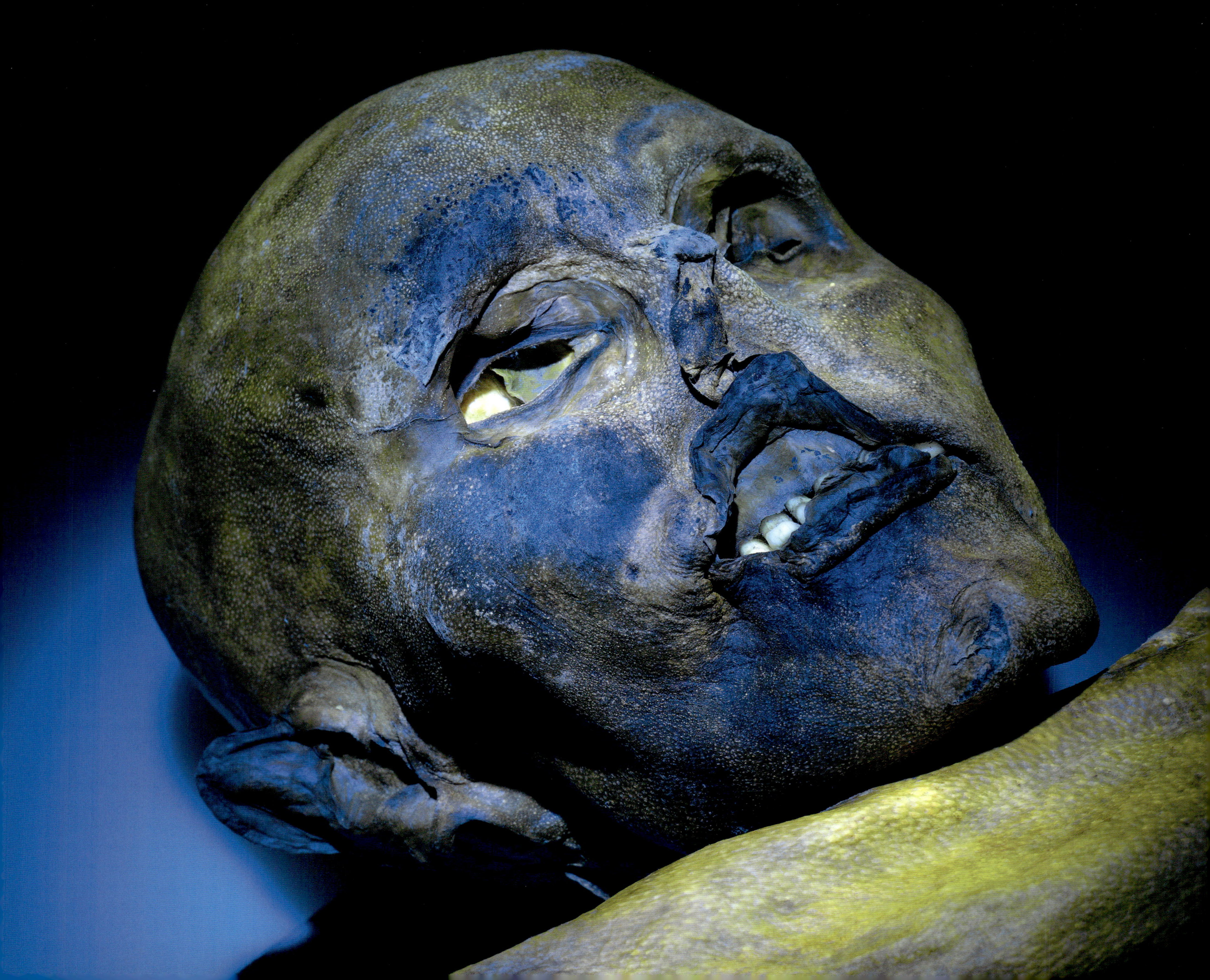

CONTENTS CONTENUTI INHALT

1. **The mummy**
La mummia
Die Mumie 7

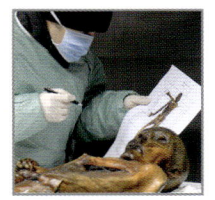

2. **Experimental procedure**
La sperimentazione
Der Versuchsaufbau 21

3. **The scanning**
La scansione
Das Einscannen 28

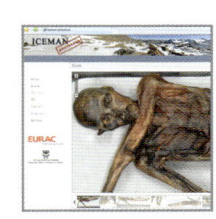

4. **The post-production and the website**
La postproduzione ed il sito internet
Die Nachbearbeitung und die Webseite 34

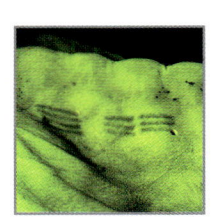

5. **The tattoos**
I tatuaggi
Die Tätowierungen 53

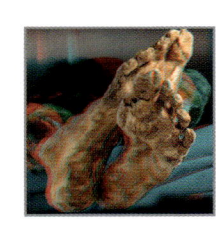

6. **The third dimension**
La terza dimensione
Die dritte Dimension 62

Photographic references and thanks
Referenze fotografiche e ringraziamenti
Abbildungsnachweise und Danksagungen 72

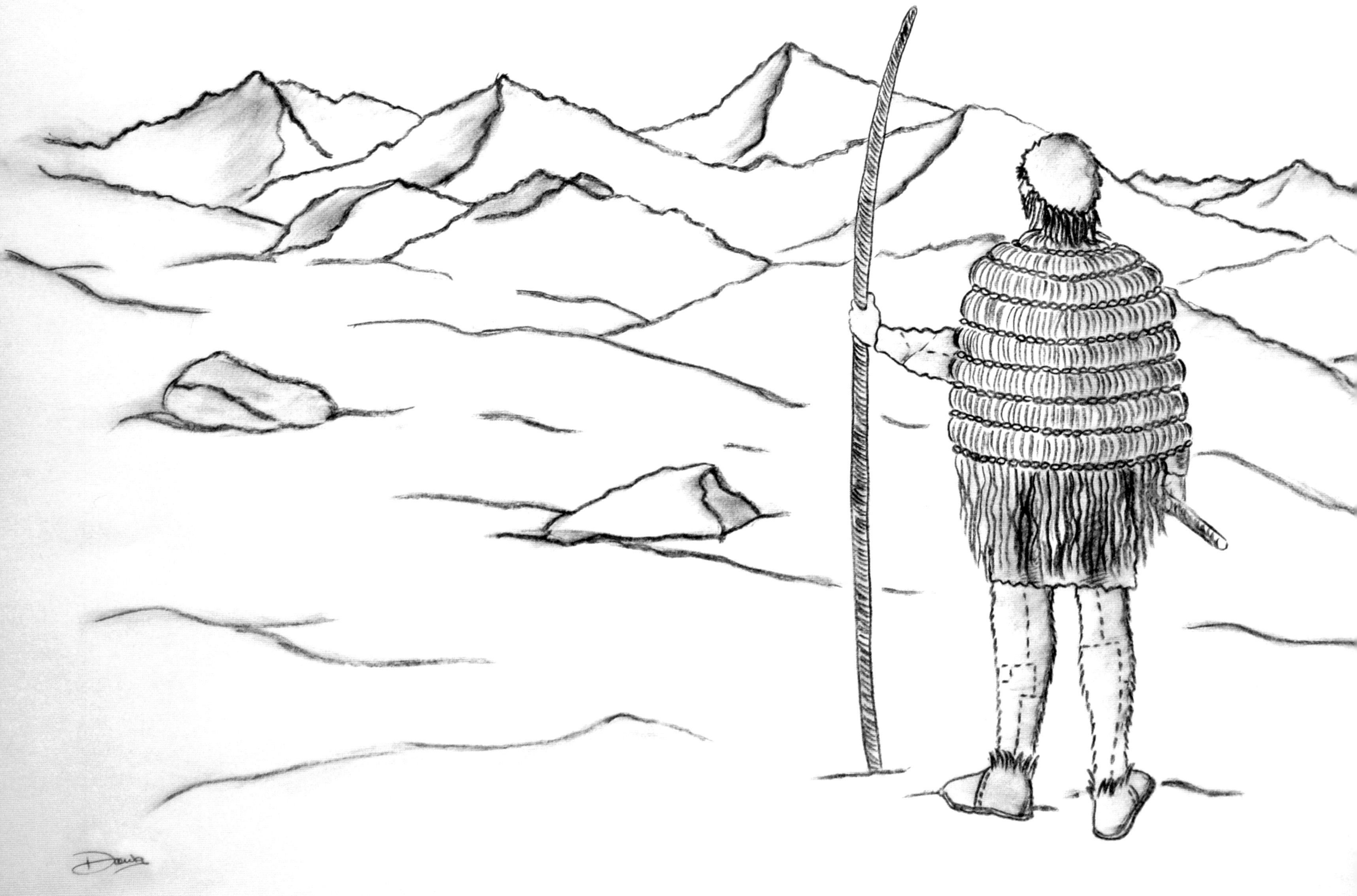

1. The mummy
La mummia
Die Mumie

Once upon a time, a long ago, a small human tribe lived in a settlement up in the mountains. Life was very hard then; women had to deal not only with the upbringing of children but also cultivating the crops and tending to farm animals, while the men hunted and sought out materials for making their tools, such as flint and yew wood. Minerals and metals such as Copper were also excavated from small mines. They were skilful manufacturers of daggers, flint arms, copper axes, as well as bows and arrows which were used to hunt bears and deer living in the woods near the settlement. The relationships among the tribe members were sometimes troublesome and arguments often ended up in fights. Wars between nearby tribes over territorial rights were not uncommon. It was in one of these skirmishes that the main character of this tale lost his life. We met him long time after his death and from that moment onwards, driven by the strong desire of understanding who he was, we have been dogged in our attempts to reconstruct his past and his habits.

C'era una volta, tanto tempo fa, una piccola tribù di uomini che viveva in un villaggio di montagna. La vita era molto dura; le donne si occupavano dei figli, ma anche di agricoltura ed allevamento; gli uomini si dedicavano alla caccia e passavano molto del loro tempo alla ricerca di materiali utili alla lavorazione, come la selce e il legno di tasso o scavavano i minerali, in piccole miniere, da cui estraevano il rame. Erano ottimi preparatori di pugnali, armi in selce, asce in rame, ma anche archi e frecce con le quali cacciavano l'orso ed il cervo che vivevano nei boschi vicino al villaggio. I rapporti tra i componenti della tribù a volte erano difficili e le discussioni finivano spesso in lite. Erano frequenti anche le guerre con le tribù vicine per il dominio del territorio. È proprio in seguito ad uno di questi scontri, che perse la vita il protagonista della nostra storia. Noi lo abbiamo incontrato solo molto dopo la sua morte e da quel momento abbiamo cercato continuamente di ricostruire il suo passato e le sue abitudini per il desiderio di conoscerlo.

Es war einmal vor vielen Jahren eine kleine Gruppe von Menschen, die in einem Bergdorf lebten. Das Leben war sehr hart. Die Frauen kümmerten sich um die Kinder, aber auch um die Landwirtschaft und die Tierhaltung; die Männer widmeten sich der Jagd und verbrachten viel Zeit mit der Suche nach Werkstoffen zur Bearbeitung, wie Feuersteine oder Eibenholz, oder schürften in kleinen Bergwerken nach Mineralien zur Kupfergewinnung. Sie waren Meister in der Herstellung von Dolchen, Waffen aus Eibenholz, Äxten aus Kupfer, aber auch von Pfeilen und Bögen, mit denen sie Bären und Hirsche jagten, die in den Wäldern um ihr Dorf lebten. Die Beziehungen zwischen den Dorfbewohnern waren manchmal schwierig und die Diskussionen endeten häufig im Streit. Auch Auseinandersetzungen mit den umliegenden Stämmen um die Herrschaft über das Gebiet waren an der Tagesordnung. Und gerade im Laufe eines dieser Gefechte verlor die Hauptperson unserer Geschichte das Leben. Wir haben ihn erst sehr lang nach seinem Tod gefunden und haben seither ständig versucht, seine Vergangenheit und seine Lebensgewohnheiten zu rekonstruieren, weil wir ihn gerne kennen lernen wollten.

Groups of archers (from La Mola Remigia, cave 5, Spain).
Gruppo di arcieri (da La Mola Remigia, grotta 5, Spagna).
Gruppe von Bogenschützen (aus La Mola Remigia, Grotte 5, Spanien).

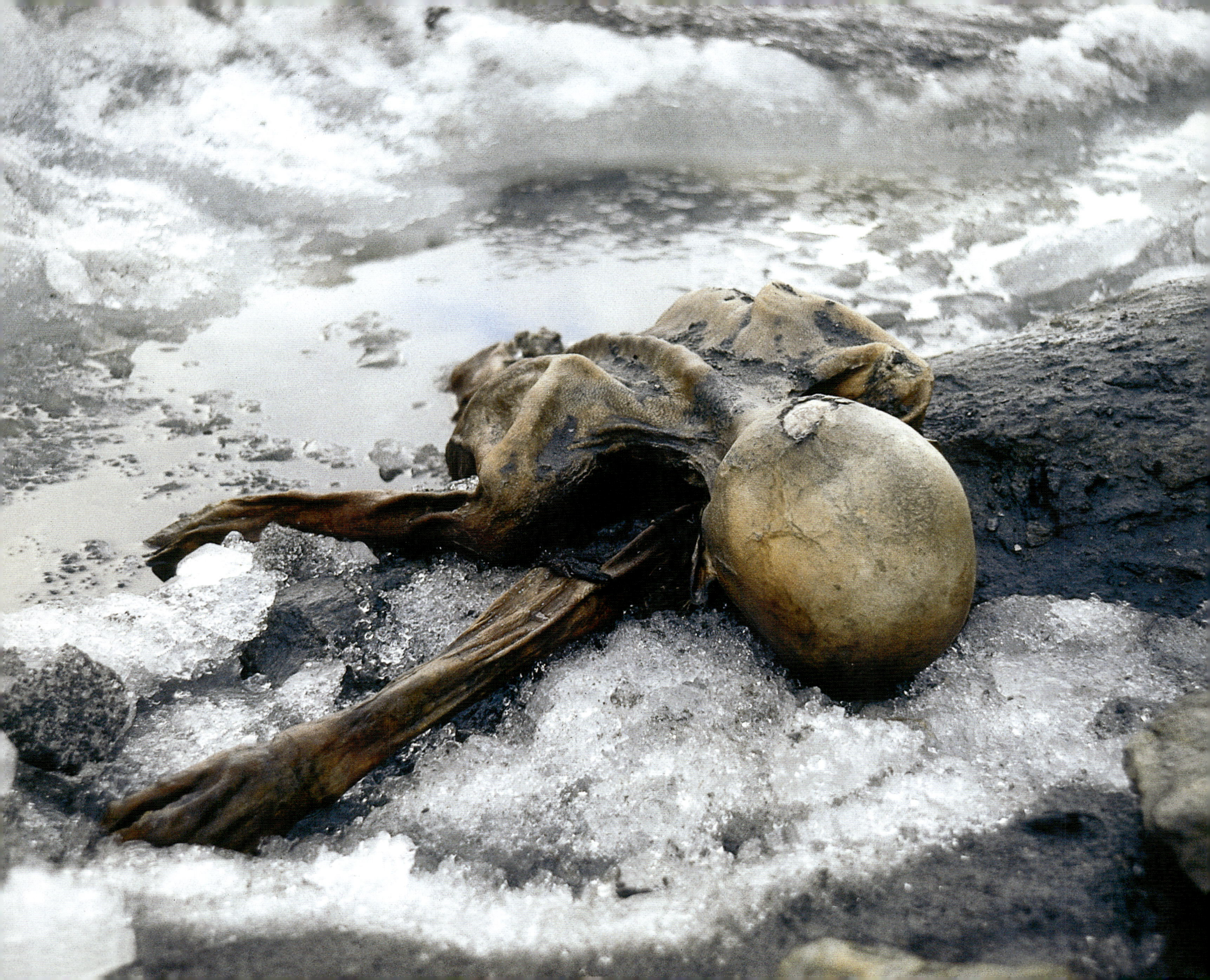

It was the 19th day of September, 1991 when the mummified remains of a human being came to the surface at an altitude of 3,200 m, along with a series of artefacts of various kinds, at the saddle known as Tisenjoch, Val Senales, South Tyrol. The corpse and its belongings were emerging from a layer of frozen snow at the edge of a small retreating glacier. The site is located on the Italian side of the border by a few tens of metres.

It was self-evident that the wonderfully intact material testified to a very distant past. News of the find spread rapidly, not only to the general public through the global mass media, but also to the most illustrious institutes of scientific research. The mummy was called "the Man from the ice", better known as "Ötzi" or "The Iceman".

Era esattamente il giorno 19 settembre 1991 quando vennero alla luce a 3.200 m s.l.m. presso la sella detta Tisenjoch in val Senales, in Alto Adige, i resti mummificati di un essere umano, insieme a una serie di manufatti di varia natura. Il complesso stava emergendo da uno strato di neve congelata al margine di un piccolo ghiacciaio in fase di arretramento. Il luogo si trova per alcune decine di metri entro il confine di stato italiano.

Dall'evidente antichità dei reperti, si poté agevolmente riconoscere in essi la testimonianza mirabilmente intatta di un passato remotissimo. La notizia del ritrovamento si diffuse immediatamente, non solo ad opera dei mass media presso il grande pubblico di tutto il mondo, ma anche nelle sedi scientifiche più qualificate. Il nome ufficiale che gli venne attribuito fu "l'Uomo venuto dal ghiaccio", noto alle cronache come "Ötzi" o meglio ancora "The Iceman".

Genau am 19. September 1991 kamen in 3.200 m ü. d. M. am Tisenjoch im Schnalstal, in Südtirol, die mumifizierten Reste eines menschlichen Wesens zusammen mit einer Reihe von Beifunden ans Licht. Die Fundstelle lag unter einer Eisschicht am Rand eines kleinen schwindenden Gletschers, nur wenige Meter von der Grenze zu Österreich entfernt.

Die auf wunderbare Weise vollkommen erhalten gebliebenen Fundstücke ließen auf ein Zeugnis aus uralter Vergangenheit schließen. Die Nachricht von diesem Fund verbreitete sich sofort, nicht nur über die Massenmedien beim großen Publikum der ganzen Welt, sondern auch bei den angesehensten wissenschaftlichen Institutionen. Offiziell erhielt er den Namen „Mann aus dem Eis", umgangssprachlich als „Ötzi" oder international auch als „Iceman" bekannt.

The incontrovertible results of several radiocarbon dating tests were made known after a few weeks. They confirmed, beyond any shadow of doubt, that these human remains should be classified as from the second half of the fourth millennium B.C.

The opinion formed upon discovery, that this collection constituted a find of exceptional archaeological value, has been continuously reinforced ever since.

A number of the contributory factors that have guaranteed the excellent conservation of the Iceman are considered as incontrovertible.

It is undeniable that, compared to the surrounding slope, the freezing conditions within the approximately three-metre deep gully prevented the snow covering the mummy from moving. Hence, the corpse lay in a highly protective "ice coffin"; a situation very different to those existing for bodies "captured" by glaciers which are broken up as they are transported for many hundreds of metres.

It is also certain that for some reason the body was miraculously saved from the actions of sarcophagi animals (insects, birds of prey, etc.)

Dopo poche settimane furono resi noti i risultati delle datazioni radiocarboniche che confermano, al di là di ogni dubbio, che questi resti umani sono da collocare nella seconda metà del IV millennio a.C.

Da allora la convinzione che questo complesso costituisca una scoperta di valore archeologico eccezionale, non ha fatto che consolidarsi ad ogni livello.

Sulla serie di cause naturali concomitanti che hanno garantito la straordinaria conservazione dell'"Uomo venuto dal ghiaccio", alcuni aspetti possono considerarsi assodati.

È certo che le condizioni di giacitura, entro una nicchia profonda circa tre metri rispetto al pendio circostante, impedirono consistenti movimenti alla neve ghiacciata che inglobava la mummia; si tratta di una situazione altamente protettiva, ben diversa da quella che normalmente si verifica per i cadaveri "catturati" dai ghiacciai che vengono trasportati per molte centinaia di metri e di fatto risultano minutamente spezzettati proprio a causa di questo trascinamento.

È certo che il corpo fu per qualche causa fortuita preservato dall'azione di animali sarcofagi (insetti, rapaci ecc.).

Nach wenigen Wochen wurden die Ergebnisse der Radiokarbondatierung bekannt gegeben, die ohne jeden Zweifel bestätigen, dass diese menschlichen Überreste aus der zweiten Hälfte des 4. Jahrtausends v. Chr. stammen.

Seither festigte sich in allen Kreisen die Überzeugung, dass dieser Fund eine Entdeckung von außerordentlichem archäologischem Wert darstellt.

Einige der Vermutungen zu den Begleitumständen, die die außergewöhnliche Konservierung des „Mannes aus dem Eis" möglich gemacht haben, können mittlerweile als erwiesen angesehen werden.

So ist sicher, dass die Lage der Fundstelle – in einer ca. drei Meter tiefen Gletscher-Querrinne – ein Abrutschen des Eises verhinderte, das die Mumie umgab; es handelt sich um eine glückliche Fügung, da normalerweise von Gletschern „eingeschlossene" Leichen über Hunderte von Metern transportiert und eben durch diese Fließbewegung regelrecht zermahlen werden.

Sicher ist, dass der Körper von Fleischfressern (Insekten, Raubvögel usw.) verschont blieb.

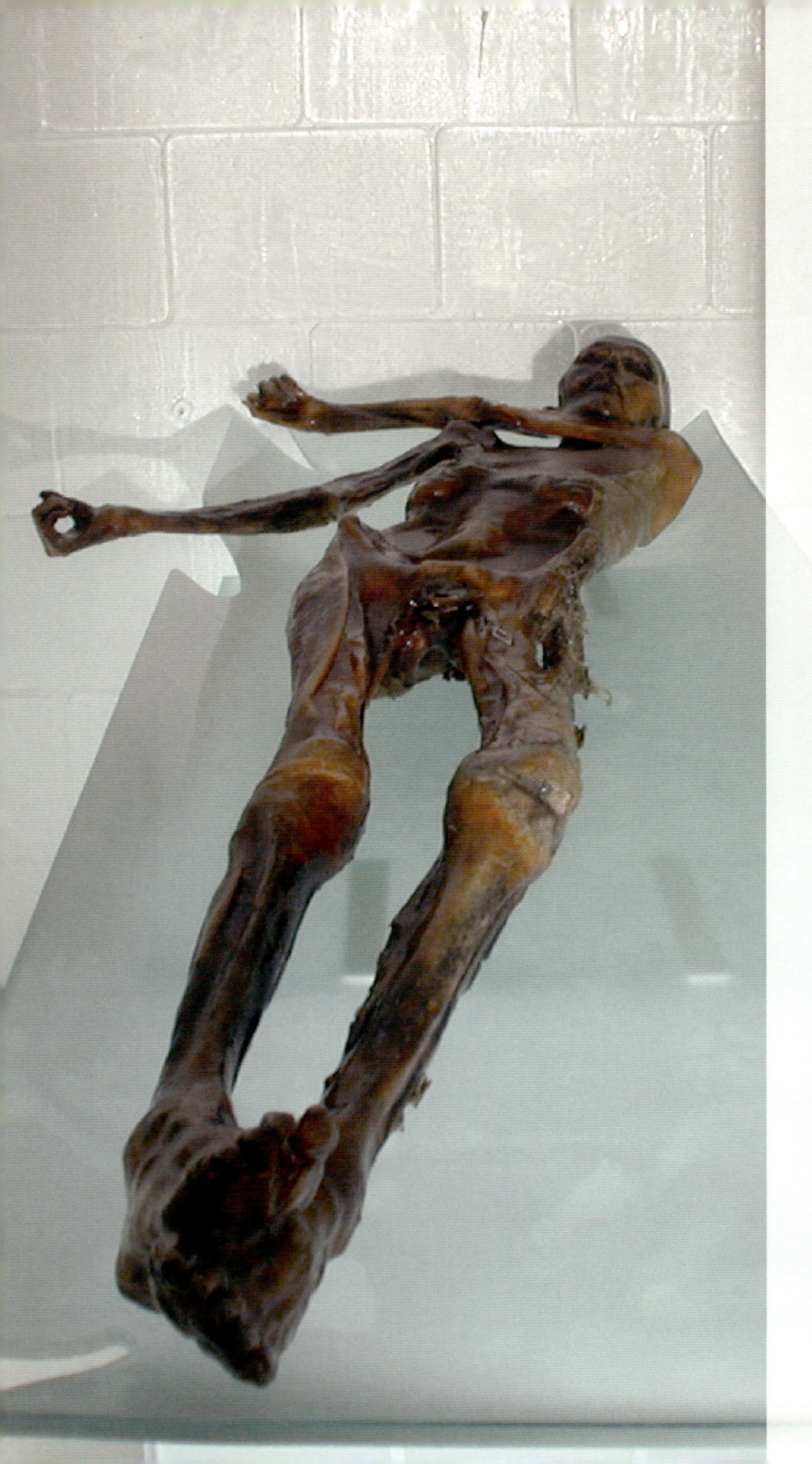

The human remains found at the Tisenjoch are of a male of between 35 and 55 years of age. From the finds, it has been concluded that the individual must have had dark hair; skin on the body is distinguished by tattoos, concentrated in certain places. The teeth are healthy but heavily worn down. From the conservation conditions the corpse has been classified as a "wet mummy" or glacier mummy of natural origin with relatively low percentage of moisture content in the tissues; for the most part, the processes of mummification in this case still remain unclear.

Given the historical age (early Copper Age: second half of the fourth millennium B.C.), the individual had survived to an old age. On the basis of this and other examinations, it has been hypothesised that the individual was a person of high standing in the community to which he belonged.

I resti umani ritrovati al Tisenjoch sono attribuibili ad un individuo di sesso maschile di un'età compresa tra i 35 e i 55 anni. Si è tuttavia ricavato da una serie di reperti sporadici, che l'individuo doveva avere capelli scuri; la pelle del corpo è caratterizzata da tatuaggi, concentrati in alcuni punti precisi. I denti sono sani ma molto consumati. Con riferimento alle condizioni di conservazione si può parlare di "mummia fredda" o glaciale, di origine naturale e con una percentuale relativamente bassa di umidità nei tessuti; il meccanismo che produsse la mummificazione rimane ancora in gran parte non chiarito.

Tenendo conto dell'epoca remota in cui il soggetto visse (età del Rame precoce: seconda metà del IV millennio a. C.) possiamo parlare senz'altro di soggetto anziano. In base a questa e ad altre considerazioni si è ipotizzato che si potesse trattare di un personaggio di alto rango nell'ambito della comunità di appartenenza.

Die am Tisenjoch gefundenen menschlichen Überreste gehörten einem Mann im Alter zwischen 35 und 55 Jahren. Aus einigen sporadischen Funden ergab sich, dass er dunkelhaarig gewesen sein musste; die Haut des Körpers ist mit Tätowierungen übersät, die sich an bestimmten Stellen häufen. Die Zähne sind gesund, aber sehr abgenutzt. Angesichts des Konservierungszustands kann man von einer „Feuchtmumie" bzw. Gletschermumie natürlichen Ursprungs sprechen; sie weist einen relativ geringen Feuchtigkeitsgehalt in den Geweben auf, und die Art und Weise, in der die Mumifizierung erfolgte, ist zum großen Teil noch ungeklärt.

Für die Zeit, in der er lebte (Jungkupferzeit: zweite Hälfte des 4. Jahrtausends v. Chr.), war er zweifellos ein Mann in hohem Alter. Daher und aufgrund von anderen Überlegungen wurde angenommen, dass es sich um eine in seiner Sippe hochrangige Persönlichkeit handeln könnte.

Una serie di manufatti prevalentemente in pelle è riconducibile al vestiario che ricopriva la mummia:

1) due calzature in pelle (tomaia di pelle di bovino, suola di pelle di bue), imbottite di fieno;
2) un "giaccone" probabilmente senza maniche (una sorta di poncho), formato da strisce in pelle di pecora di colore diverso, cucite tra loro con fibre ricavate da tendini di animali;
3) un berretto in pelliccia di orso;
4) due gambali (o leggings) formati da strisce in pelle di pecora, cucite tra loro;
5) una sorta di perizoma in fine pelle di pecora;
6) una serie di steli di graminacee intrecciati tra loro a formare una sorta di stuoia.

A collection of artefacts, mainly in leather, relate to the garments which clothed the mummy:

1) Two leather shoes (uppers in cowhide, sole in ox hide), padded with grass.
2) An upper garment, probably sleeveless (a kind of poncho), made from different coloured strips of sheep skin, sewn together with fibres obtained from animal sinews.
3) A cap of bear fur.
4) Two leggings, made from strips of sheep skin sewn together.
5) A kind of loincloth in fine sheep skin.
6) A set of Gramineae stems woven together to form a kind of matting.

Eine Reihe von hauptsächlich aus Leder gefertigten Gegenständen wurde mit der Bekleidung der Mumie in Zusammenhang gebracht:

1) ein Paar Schuhe aus Leder (Oberschuhe aus Rindsleder, Sohle aus Ochsenleder) mit Heu ausgestopft;
2) eine „Jacke", wahrscheinlich ohne Ärmel (eine Art Umhang) aus verschiedenfarbigen Schaflederstreifen, die mit Tiersehnenfasern aneinandergenäht waren;
3) eine Mütze aus Bärenfell;
4) ein Paar Gamaschen (Leggings) aus aneinandergenähten Schaflederstreifen;
5) eine Art Lendenschurz aus feinem Schafleder;
6) verknüpfte Basthalme, die eine Art Matte bildeten.

An assortment of artefacts, considered as closely related to the corpse, were recovered from various locations around the rocky gully close to the boulder on which the corpse lay:

7) A copper axe, 9.5 cm long and trapezoidal-shaped, with a yew wood handle.
8) A yew wood bow of approx. 180 cm in length.
9) A dagger comprising an ash-handle and a flint blade.
10) A retouching tool probably for sharpening flint - a lime tree-wood structure with a tip inserted into it, made of antler which had been hardened by fire.
11) Probably a larch-wood pannier.
12) Two pieces of birch fungus (*Piptoporus betulinus*) in which strips of hide were inserted.
13) A quiver of chamois leather, containing:
14) Fourteen arrows, only two of which were fully constructed, i.e. fitted with a flint tip and feather.
15) An antler point.
16) A belt-pouch, made from calfskin, to wear around the waist using two long strips of leather which would have been tied together to form a belt. The belt-pouch contained the following items:
17) A drill-like flint implement.
18) A flint scraper.
19) A small flint blade.
20) A small mass of true tinder fungus (*Fomes fomentarius*).

Sparsi in diversi punti della conca rocciosa nei pressi del masso su cui poggiava il cadavere, furono recuperati diversi manufatti che si sono voluti considerare in stretta relazione con il corpo:

7) un'ascia in rame di forma trapezoidale lunga 9,5 cm, con manico in legno di tasso;
8) un arco in legno di tasso della lunghezza di ca. 180 cm;
9) un pugnale costituito da un manico in legno di frassino con lama in selce;
10) un probabile strumento per ritoccare la selce, costituito da un corpo in legno di tiglio e da una punta in esso inserita, in corno di cervo indurito al fuoco;
11) una probabile gerla in larice;
12) due pezzi di fungo (*Piptoporus betulinus*) in cui erano inserite strisce in cuoio;

13) una faretra in pelle di camoscio, che conteneva a sua volta:

14) quattordici frecce, due sole delle quali finite, cioè munite della punta in selce e della impennatura;

15) un punteruolo in corno di cervo;

16) una borsa, in cuoio di vitello, da portare alla vita mediante due lunghe strisce in pelle che dovevano essere annodate tra loro a formare una cintura, che conteneva:

17) un perforatore in selce;

18) un grattatoio-raschiatoio in selce;

19) una piccola lama in selce;

20) una piccola massa di un fungo-esca (*Fomes fomentarius*).

Um den Leichnam waren verschiedene Gerätschaften in der Felsennische verstreut, von denen angenommen wird, dass sie zu ihm gehören:

7) eine trapezförmige Kupferaxt von 9,5 cm Länge, mit einem Stiel aus Eibenholz;

8) ein Bogen aus Eibenholz von ca. 180 cm Länge;

9) ein Dolch mit einem Griff aus Eschenholz und einer Klinge aus Feuerstein;

10) ein Gerät, möglicherweise zum Schleifen des Feuersteins, bestehend aus einem Griff aus Lindenholz und einer Spitze aus feuergehärtetem Hirschhorn;

11) eine vermutliche Rückentrage aus Lärchenholz;

12) zwei Pilzstücke (*Piptoporus betulinus*), in die Lederstreifen eingefügt waren;

13) ein Köcher aus Gamsleder, der seinerseits enthielt:

14) vierzehn Pfeile, von denen nur zwei gebrauchsbereit waren, also gefiedert und mit Spitze aus Feuerstein versehen;

15) ein Körner aus Hirschhorn.

16) eine Gürteltasche aus Kalbsleder, die mit zwei langen Lederstreifen zu einem Gürtel zusammengebunden und in der Taille getragen werden konnte, mit:

17) einem Bohrwerkzeug aus Feuerstein;

18) einem Schaber aus Feuerstein;

19) einer kleinen Klinge aus Feuerstein;

20) einem kleinen Stück Zunderschwamm (*Fomes fomentarius*).

The archer on the statua-stele of Laces, in Val Venosta (Bolzano, Italy).

Arciere sulla statua stele di Laces, in Val Venosta (Bolzano, Italia).

Bogenschütze auf der Stele in Latsch, Vinschgau (Bozen, Italien).

Papers published in the last seventeen years have put forward much evidence, but we are still a long way from being able to clarify every detail. This was demonstrated in 2002, more than a decade after the discovery, when further more detailed radiological examinations, conducted at the general hospital in Bolzano, showed that there were signs of serious injuries inflicted by another human on the mummy's body. The subject did not die of exhaustion and exposure but instead suffered a violent end, with his shoulder pierced by a flint-tipped arrow. The fatal arrow wound is entirely consistent with our knowledge of armaments, conflicts and the general level of violence prevalent in the Copper Age.

Gli studi pubblicati negli ultimi diciassette anni hanno prodotto molti nuovi elementi, ma siamo ancora lontani dal poter affermare di averne chiarito ogni aspetto. Ad esempio, nell'anno 2002, a oltre un decennio dalla scoperta, approfondite indagini radiologiche, condotte nell'ambito dell'ospedale di Bolzano, hanno dimostrato l'esistenza di tracce di ferite gravissime arrecate da mano umana al corpo della mummia: l'individuo non morì dunque per sfinimento e assideramento, ma subì una fine violenta, trafitto alla spalla sinistra da una freccia dotata di punta di selce. La ferita mortale si accorda perfettamente con quanto è noto sull'armamento, la conflittualità e la violenza nell'Età del Rame.

Die in den letzten siebzehn Jahren veröffentlichten Studien erbrachten viele neue Befunde, aber wir sind noch weit von der Klärung aller Fragen entfernt. So wurden zum Beispiel 2002, mehr als zehn Jahre nach der Entdeckung, bei eingehenden Röntgenuntersuchungen im Krankenhaus von Bozen Spuren schwerster Verletzungen durch Menschenhand am Körper der Mumie nachgewiesen: Der Mann starb also nicht an Erschöpfung oder durch Erfrieren, sondern durch Gewalteinwirkung, an der linken Schulter von einem Pfeil mit einer Feuersteinspitze angeschossen. Die tödliche Verletzung stimmt genau mit dem überein, was bis jetzt über die Bewaffnung, Konflikthaftigkeit und Gewalt im Kupferzeitalter bekannt ist.

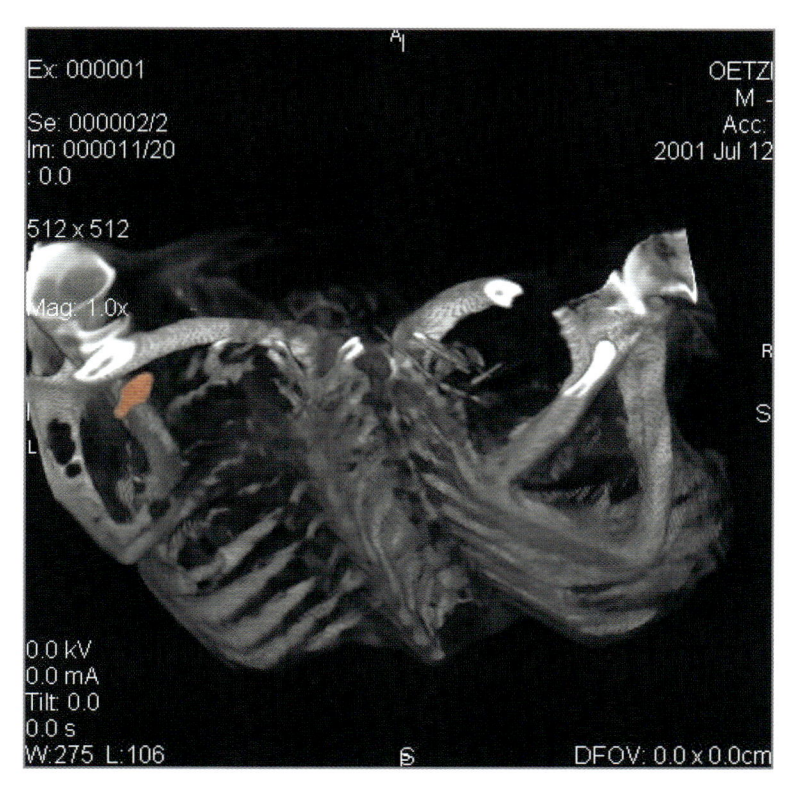

The results of the research conducted so far can be summarized as follows:

a) The individual must have felt pain while walking due to a damaged meniscus of the right knee; it is not known whether this derived from a natural degeneration or a trauma.

b) He bears signs of a serious "self-defence" wound in the soft tissue and bone of his right hand, an injury that was already at least 24 hours old at the time of death.

c) He bears signs of a serious piercing lesion in the shoulder of his left arm with indications of severe internal haemorrhage (the head of an arrow is still embedded in the tissue and cut the left subclavian artery).

d) He bears signs of a head trauma and other traumas to the body, the nature of which has yet to be clarified.

I risultati del progresso delle ricerche si possono riassumere come segue. L'individuo:

a) Doveva provare dolore nell'incedere per una menomazione al menisco del ginocchio destro, non si sa se di origine degenerativa o traumatica.

b) Reca tracce di una grave ferita "da difesa" nei tessuti molli e nelle parti ossee della mano destra, ferita già vecchia di almeno 24 ore al momento del decesso.

c) Reca tracce di una grave lesione perforante nella spalla sinistra con segni di forte emorragia interna (la punta di una freccia in selce è ancora infissa nei tessuti e ha reciso l'arteria succlavia sinistra).

d) Reca tracce di un trauma al capo e su altre parti del corpo di natura per ora non ben chiarita.

Die seither gewonnenen Erkenntnisse können wie folgt zusammengefasst werden:

a) Die Fortbewegung musste für den Iceman wegen einer Verletzung am Meniskus des rechten Knies schmerzhaft gewesen sein; man weiß nicht, ob sie auf ein Trauma oder auf Verschleißerscheinungen zurückzuführen ist.

b) Es sind Spuren einer schweren Nahkampfverletzung im Weichgewebe und an den Knochen der rechten Hand festzustellen; diese Verletzung war zum Zeitpunkt des Todes schon mindestens 24 Stunden alt.

c) Er weist Spuren einer schweren Schussverletzung an der linken Schulter mit Anzeichen einer starken inneren Blutung auf (die Pfeilspitze aus Feuerstein steckte noch in den Weichteilen und hat die linke Schlüsselbeinarterie durchtrennt).

d) Es sind Spuren von Verletzungen am Kopf und an anderen Körperteilen festzustellen, deren Ursachen bis jetzt nicht geklärt werden konnten.

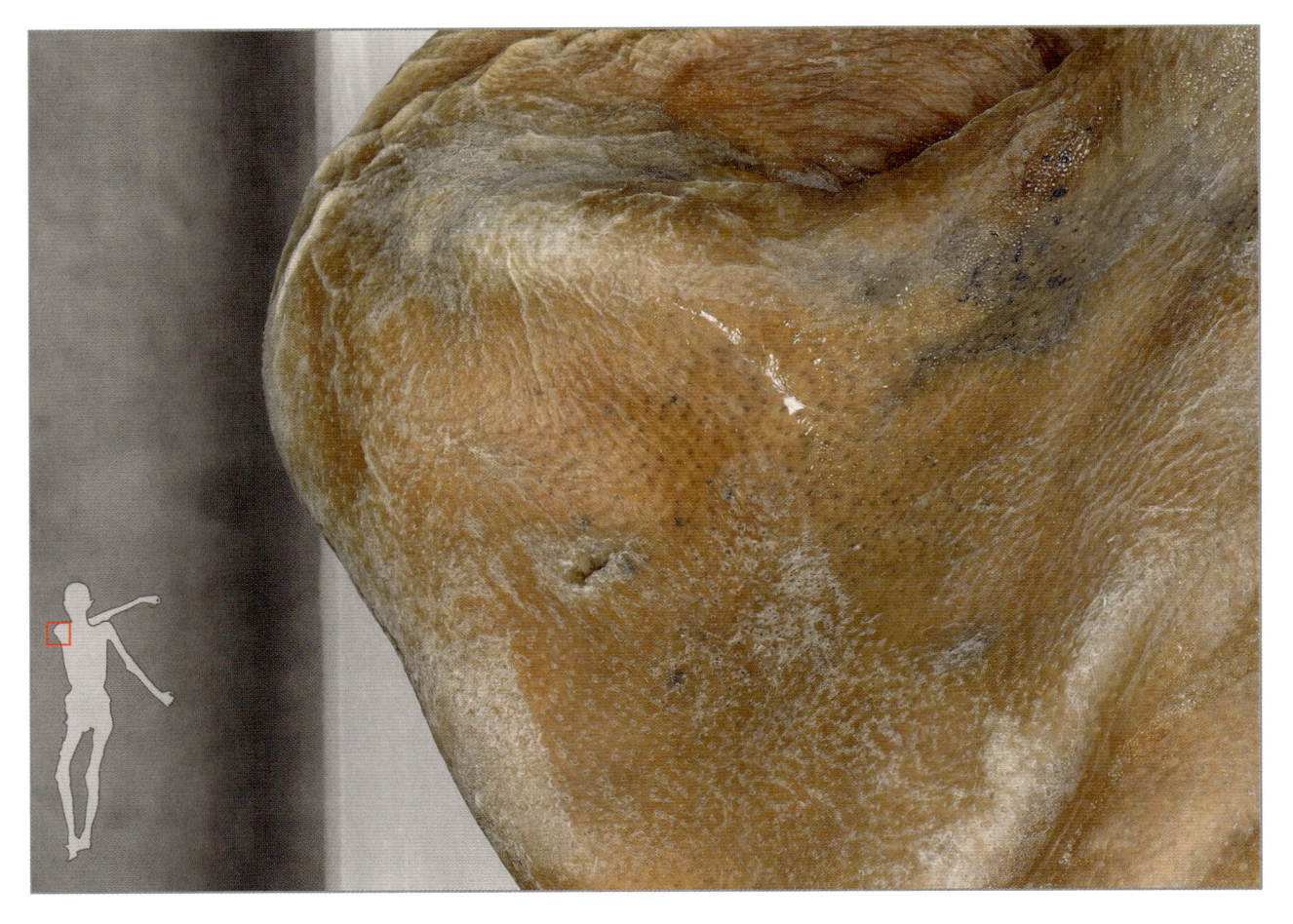

This evidence confirms the theory of a violent fight, followed by lonely escape that took the Iceman far from the place where he had been living, to then succumb to a swift death from haemorrhaging resulting from wounds inflicted in a second brutal combat.

As regards the reasons for the killing, archaeology sheds light on the means for enacting violence but not the motives for it. We do not possess enough data from that period concerning social and economic situations, population models and the hierarchization of settlements (which were dominant and which were satellites) in order to provide a satisfactory elucidation.

Over ten years ago, the archaeologist L. Barfield wrote that this discovery opened a new door onto our past and, at the same time, revealed just how much of the past has been irretrievably lost through the natural processes of material decomposition. He also provided insight on the skill levels of the inhabitants of the Alps five thousand years ago. He has, in addition, contributed to the polemic on ethical issues regarding the manipulation of human beings for scientific and museum purposes. His beliefs are still today of unquestionable relevance.

Tutto ciò non può che consolidare l'ipotesi di un violento combattimento, seguito da una lunga e autonoma fuga che portò "l'Uomo venuto dal ghiaccio" lontano dal villaggio in cui viveva, là dove una seconda aggressione ne determinò una rapida morte per emorragia.

Quanto alle cause dell'uccisione, l'archeologia aiuta a capire i modi della violenza non a capirne le motivazioni. Per interpretarle correttamente non disponiamo attualmente, per quel periodo, di dati adeguati sulla situazione economica e sociale, sui modelli di popolamento e sulla gerarchizzazione degli insediamenti (quali dominanti e quali satelliti).

Ha scritto più di dieci anni fa l'archeologo L. Barfiled che questa scoperta ha aperto una porta sul nostro passato e nello stesso tempo ci ha fatto comprendere quanto del passato sia per noi irrimediabilmente perduto a causa dei naturali processi di disfacimento dei materiali e nello stesso tempo quale grado di abilità possedessero cinquemila anni fa gli abitanti delle Alpi. La medesima ha altresì portato ad una serie di approfondite riflessioni sui problemi etici legati alla manipolazione per scopi scientifici e museali di resti umani. Queste affermazioni si possono senz'altro ancora oggi condividere.

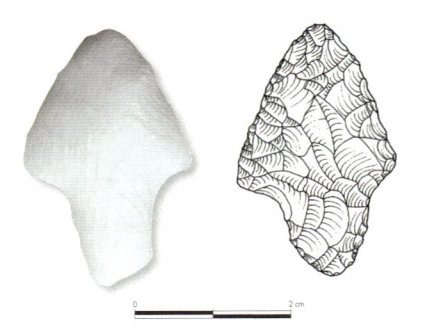

All dies kann nur folgende Vermutungen stärken: Dem Tod ging ein heftiger Kampf voraus, gefolgt von einer langen und einsamen Flucht, auf der sich der „Mann aus dem Eis" weit von dem Ort entfernt hatte, an dem er lebte. Der Tod trat rasch und direkt am Ort des Überfalls durch Verblutung ein.

Die Archäologie hilft zwar, die Art der Gewalteinwirkung aufzudecken, nicht aber die Gründe für diesen Mord. Um diese richtig zu deuten, bräuchten wir mehr Informationen über die wirtschaftlichen und gesellschaftlichen Verhältnisse jenes Zeitalters, die Besiedelungsmodelle und die Hierarchisierung der Siedlungen (also, wie sie zueinander standen).

Vor mehr als zehn Jahren schrieb der Archäologe L. Barfield, dass diese Entdeckung ein Fenster zu unserer Vergangenheit aufgestoßen habe und uns gleichzeitig begreifen ließ, wie viel von dieser Vergangenheit für uns unwiederbringlich durch die natürlichen Zersetzungsprozesse des Materials verloren ging, aber auch, welche Geschicklichkeit die Alpenbewohner vor fünftausend Jahren besaßen. Der Fund der Mumie hat auch zu tief gehenden Überlegungen über die ethischen Probleme im Zusammenhang mit der Manipulation menschlicher Überreste für wissenschaftliche und museale Zwecke geführt. Diese Auffassungen können zweifellos noch heute geteilt werden.

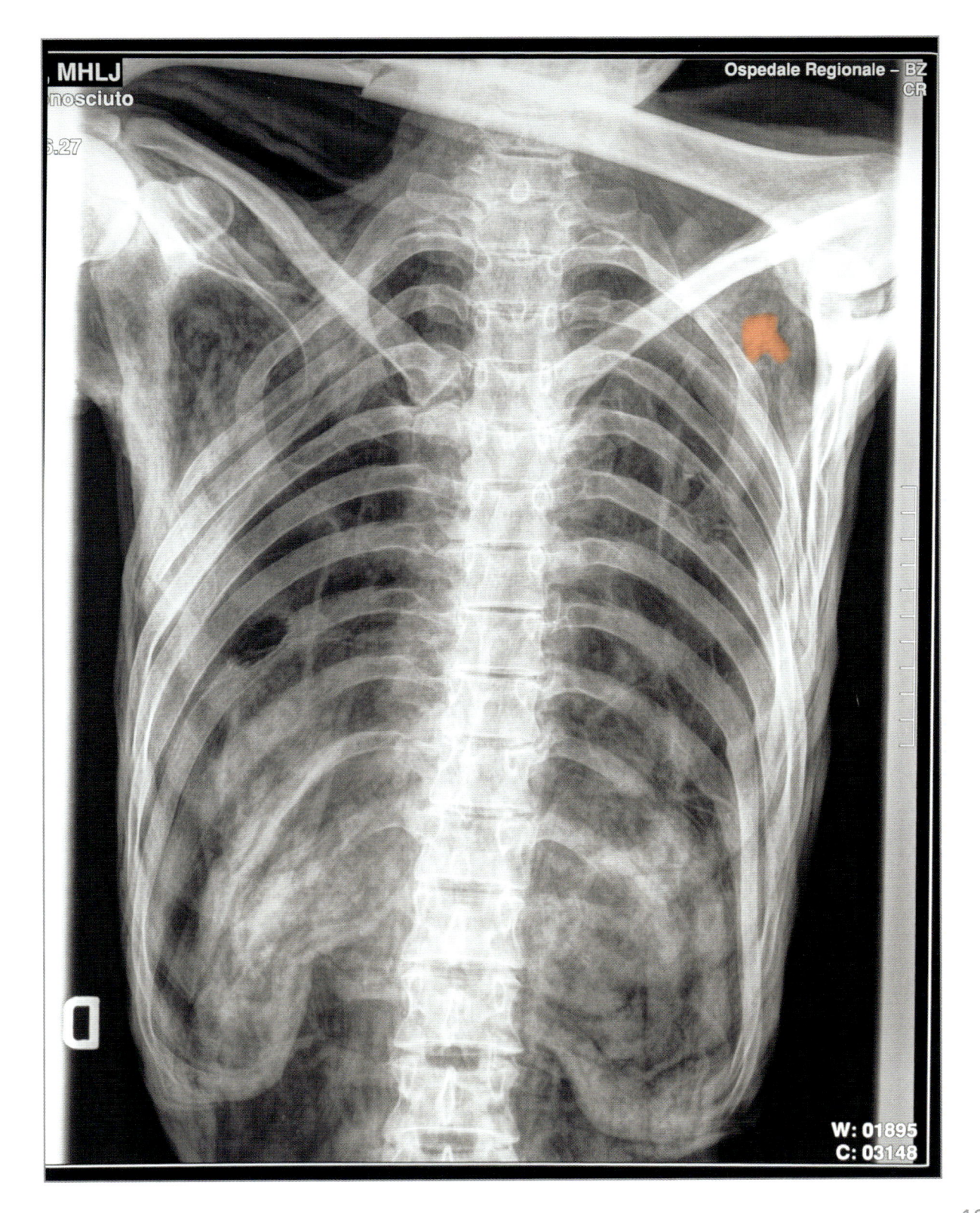

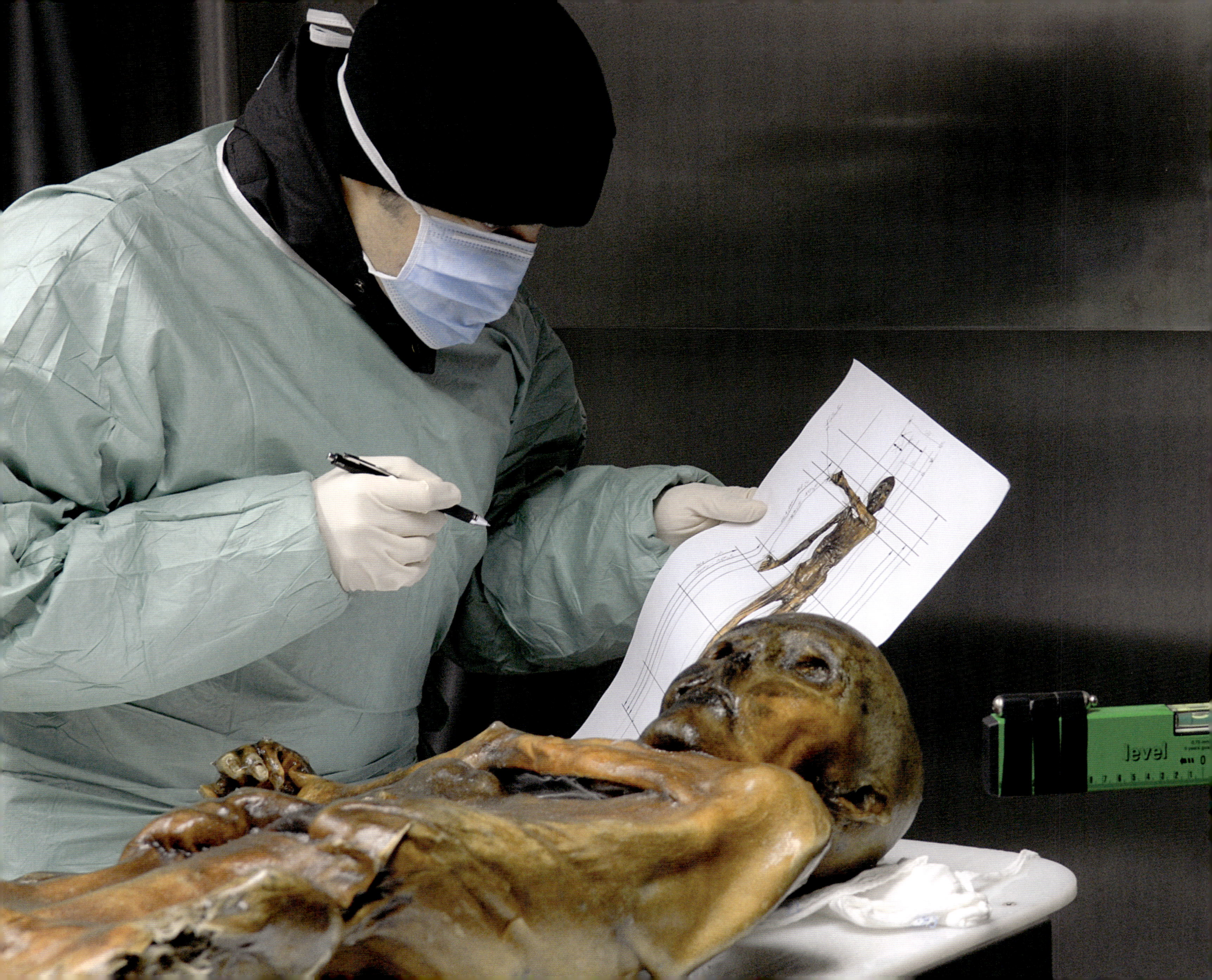
level

2. Experimental procedure
La sperimentazione
Der Versuchsaufbau

The main objective of the "Iceman photoscan project" was to design apparatus to take systematic pictures of the whole body of the mummy from any perspective, obtaining numerous high quality partial and sequential angle-shots like an enormous "scanner"; and to create software applications in order to display the results on the internet, with the single images coming together as in a puzzle.

Lo scopo principale del progetto "Iceman photoscan" era quello di sviluppare un macchinario che permettesse di fotografare sistematicamente l'intero corpo della mummia da ogni lato, attraverso numerose riprese parziali e sequenziali di alta qualità, come in un enorme "scanner", per poi realizzare un software in grado di consentire la visione dei risultati attraverso internet. Le singole immagini si sarebbero dovute unire automaticamente come in un puzzle.

Der Hauptzweck des Projekts "Iceman Photoscan" war die Entwicklung eines Gerätes, das die systematische Fotoaufnahme des ganzen Körpers der Mumie von allen Seiten ermöglichen sollte. Geplant war, zahlreiche Teil- und Sequenzaufnahmen von hervorragender Qualität, wie mit einem riesigen Scanner anzufertigen, um sie dann mit einer Software im Internet zugänglich zu machen. Die einzelnen Bilder sollten sich automatisch wie in einem Puzzle zusammensetzen.

With the fundamental contribution and support provided by my photographer friend Gregor Staschitz, we thoroughly analysed for many months the obstacles we would have to overcome. We had to adapt to the usual preservation conditions of the mummy, i.e. air temperature: -6.00°C (267.15K), relative humidity (UR%): 98%, reduced spaces, sterile environment. Maximum attention was to be focused on safeguarding the mummy, which had to undergo preparatory procedures: a delicate superficial defrosting had to be implemented to facilitate the perfect visualization of the body details.

Con il fondamentale aiuto dell'amico fotografo Gregor Staschitz abbiamo valutato per diversi mesi le possibili difficoltà alle quali andavamo incontro. Dovevamo adattarci alle condizioni di conservazione alle quali la mummia è normalmente sottoposta: temperatura dell'aria di -6,00°C (267.15K), umidità relativa (UR%) del 98%, spazio di movimentazione molto ristretto che sottintende l'ambiente sterile. La massima attenzione andava prevista per la salvaguardia del reperto, che per l'occasione doveva essere opportunamente preparato e quindi liberato dallo strato di ghiaccio che abitualmente lo ricopre, che altrimenti non ci avrebbe permesso di coglierne a fondo ogni particolare.

Bei dieser Arbeit stand mir ein Freund, der Fotograf Gregor Staschitz hilfreich zur Seite. Mehrere Monate lang haben wir die möglichen Schwierigkeiten abgewogen, auf die wir treffen konnten. Wir mussten unter den normalen Konservierungsbedingungen der Mumie arbeiten: Lufttemperatur -6,00°C (267.15K), relative Luftfeuchtigkeit 98%, sehr beengte Raumverhältnisse und dazu noch in steriler Umgebung. Höchstes Gebot war die Unversehrtheit der Mumie, die aus diesem Anlass besonders präpariert und also von der Eisschicht befreit werden musste, die sie normalerweise umhüllt; nur so konnten wir jedes Detail aus der Nähe aufnehmen.

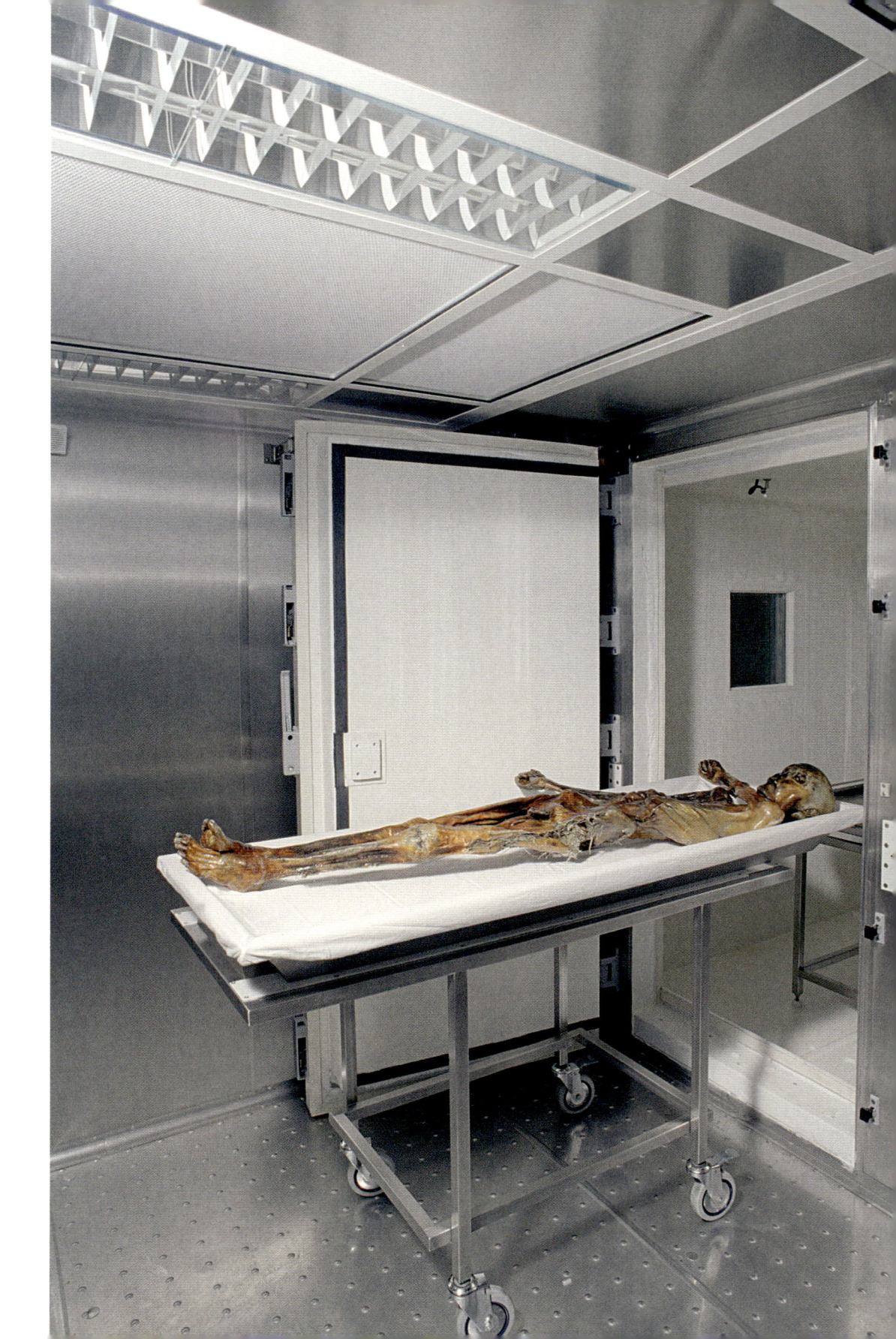

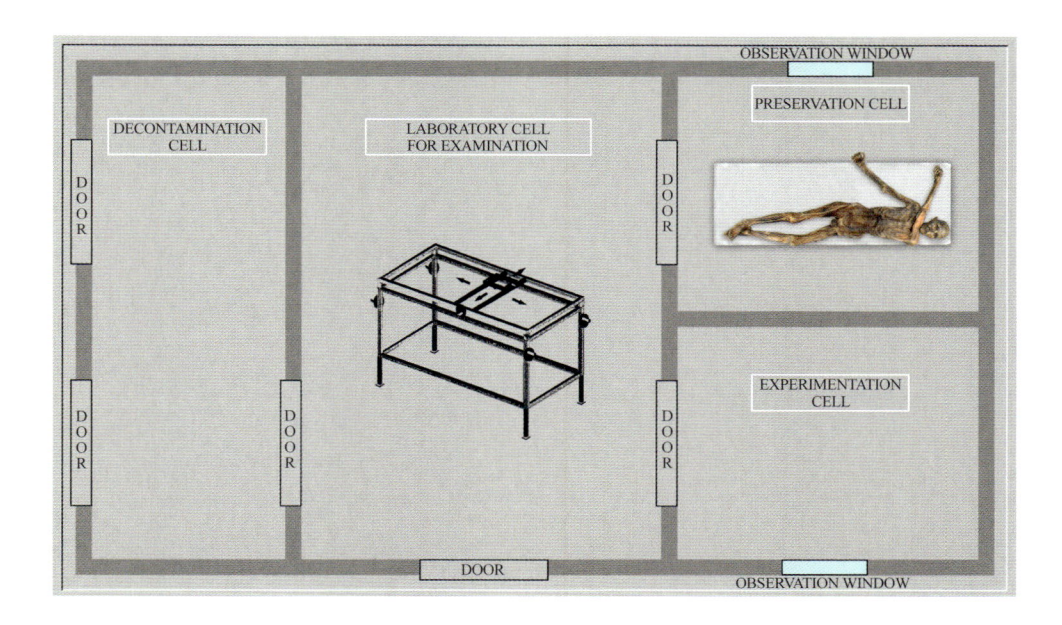

For a better understanding of the problems originating from the reduced spaces in which the shooting was to be effected, the plan of the rooms dedicated to the mummy preservation, showing the layout of the main preservation cell and of the decontamination cell have been reproduced here below.

A key step in the process was the design and construction of a steel and aluminium mechanical support for the camera, to be installed in the reduced spaces of the decontamination cell in which the shooting was to be conducted. It needed to provide maximum stability to allow us to work safely and to ensure, at the same time, maximum image quality. Furthermore, it had to be highly versatile and adjustable, so that it could be easily moved around within the available space, and could thus scan the mummy from every angle.

Al fine di valutare meglio le difficoltà legate agli spazi ristretti dove effettuare il lavoro, viene riportata di seguito una pianta dei locali dedicati alla conservazione della mummia, che illustra la disposizione, sia della cella di conservazione principale, sia della cella laboratorio in cui avremo effettuato le riprese fotografiche.

Di primaria importanza era la progettazione e quindi la realizzazione di un supporto meccanico in acciaio e alluminio per la macchina fotografica, che potesse adattarsi perfettamente alle dimensioni della cella laboratorio in cui era prevista la fase di ripresa fotografica del corpo della mummia. Doveva possedere la massima stabilità per permetterci di lavorare in sicurezza e allo stesso tempo garantire la qualità delle immagini. Doveva inoltre essere molto versatile ed orientabile, per permetterci di porre il sistema di ripresa liberamente nello spazio e poter acquisire quindi il reperto da ogni lato.

Um besser beurteilen zu können, wie beengt der Raum war, folgt ein Grundriss der Räume, in denen die Mumie untergebracht ist; daraus sind sowohl die Anordnung des Hauptkühlraums als auch der Laborzelle ersichtlich, in der wir die Aufnahmen angefertigt haben.

Von primärer Bedeutung war die Konstruktion und sodann die Herstellung einer mechanischen Halterung aus Stahl und Aluminium für die Kamera, die perfekt für die Abmessungen der Laborzelle geeignet sein musste, welche für die Aufnahmen der Mumie vorgesehen war. Diese Halterung musste absolut standsicher sein, damit wir unter Sicherheitsbedingungen arbeiten konnten, und gleichzeitig die höchste Bildqualität gewährleisten. Sie musste ferner sehr vielseitig und in alle Richtungen schwenkbar sein, damit wir die Kamera frei im Raum platzieren und somit die Mumie von allen Seiten fotografieren konnten.

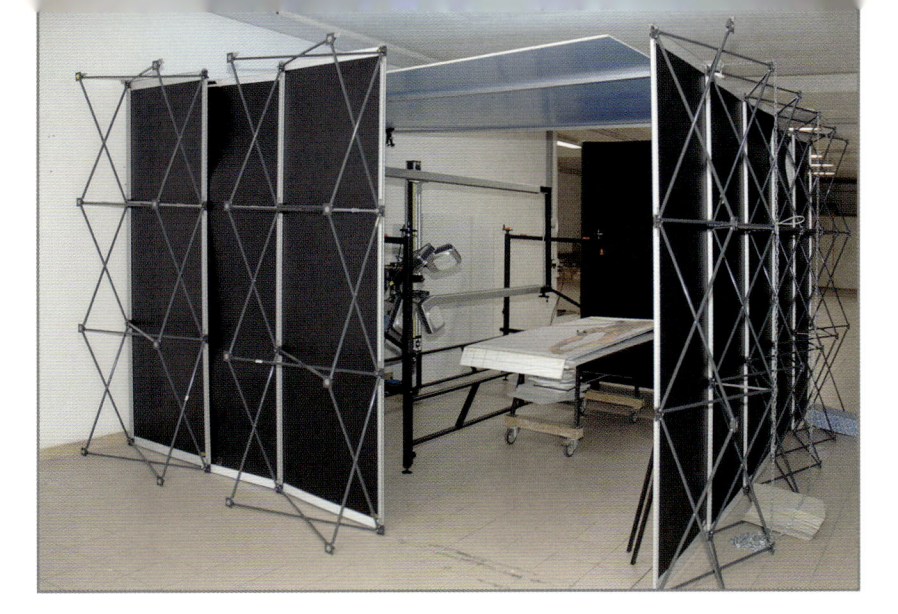

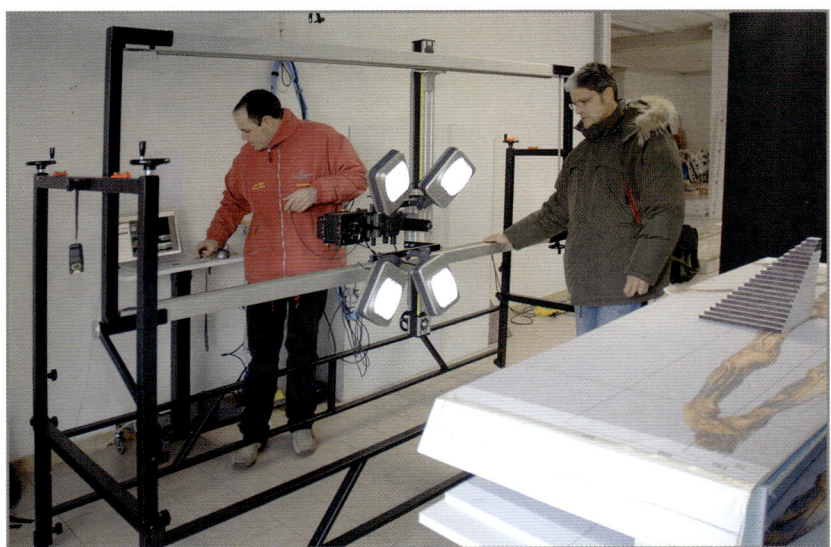

To optimize the shooting procedure, and in the knowledge that we only had one chance, we created a perfect to-scale model of the laboratory, in which we trained for weeks, simulating each single move we would have to make.

The main problem to overcome was the choice of the type of shooting procedure, considering the manner in which the individually scanned images would subsequently be consolidated. When systematic and sequential images are taken of a 3D subject (unlike a 2D subject, such as a painting), it is critical to bear in mind that each move corresponds to a different view angle and therefore to a different perspective. Thus, to form a composite picture, the scans cannot simply be set side by side; on the contrary, the lateral shift must be minimized when reassembling the shot sequence. It is essential to have a wide margin of overlap from image to image.

Per garantire una perfetta esecuzione, che non avrebbe in ogni caso avuto la possibilità di essere ripetuta, abbiamo deciso di realizzare un'esatta copia in scala del laboratorio dove per settimane ci siamo esercitati simulando puntualmente ogni nostro movimento.

La difficoltà maggiore che abbiamo dovuto affrontare è stata la scelta della metodica di ripresa in relazione al conseguente riassemblaggio che le singole immagini acquisite avrebbero poi dovuto subire. Quando si fotografa sistematicamente ed in modo sequenziale un soggetto tridimensionale, a differenza di quanto accade per le acquisizioni di soggetti piatti, come ad esempio un dipinto, è indispensabile tener presente che ad ogni spostamento corrisponde un diverso punto di osservazione e quindi una diversa prospettiva. Ciò non rende possibile un normale accostamento delle foto ottenute, ma impone di ridurre al minimo le traslazioni della sequenza di ripresa. Indispensabile è l'accortezza di prevedere un largo margine di sovrapposizione tra un'immagine e quella seguente.

Um ein perfektes Gelingen des Vorgangs, der keinesfalls hätte wiederholt werden können, zu gewährleisten, beschlossen, eine genaue maßstabgerechte Nachbildung des Labors anzufertigen, in der wir wochenlang jede unserer Bewegungen übten.

Unsere größte Schwierigkeit war die Wahl der Aufnahmemethode, um die nachfolgende Zusammenstellung der einzelnen Bilder zu ermöglichen. Wenn man systematisch und sequenziell ein dreidimensionales Objekt fotografiert, muss man im Gegensatz zu Scans von flachen Objekten bedenken, dass sich bei jeder Verschiebung der Betrachtungspunkt und damit die Perspektive ändert. Dadurch ist es nicht möglich, die aufgenommenen Bilder einfach nebeneinanderzustellen, vielmehr müssen die Verschiebungen der Aufnahmefolge auf ein Minimum beschränkt werden. Es muss unbedingt ein ausreichend großer Spielraum für die Überlappung zwischen einem Bild und dem nächsten vorgesehen werden.

The uniqueness and value of this project lie in the high quality of the images which show every detail with the maximum possible accuracy. Special attention was focused on the choice of the equipment to be used during the shooting.

Recording a 3D object is mainly a question of physics due to the fact that it is necessary to fully represent the "depth of field". Optically, it is not easy to obtain a uniformly clear and "in focus" view when shooting with a macro-lens. We conducted numerous trials and measurements to obtain the best compromise between "sharpness of focus", total depth of field and shooting distance.

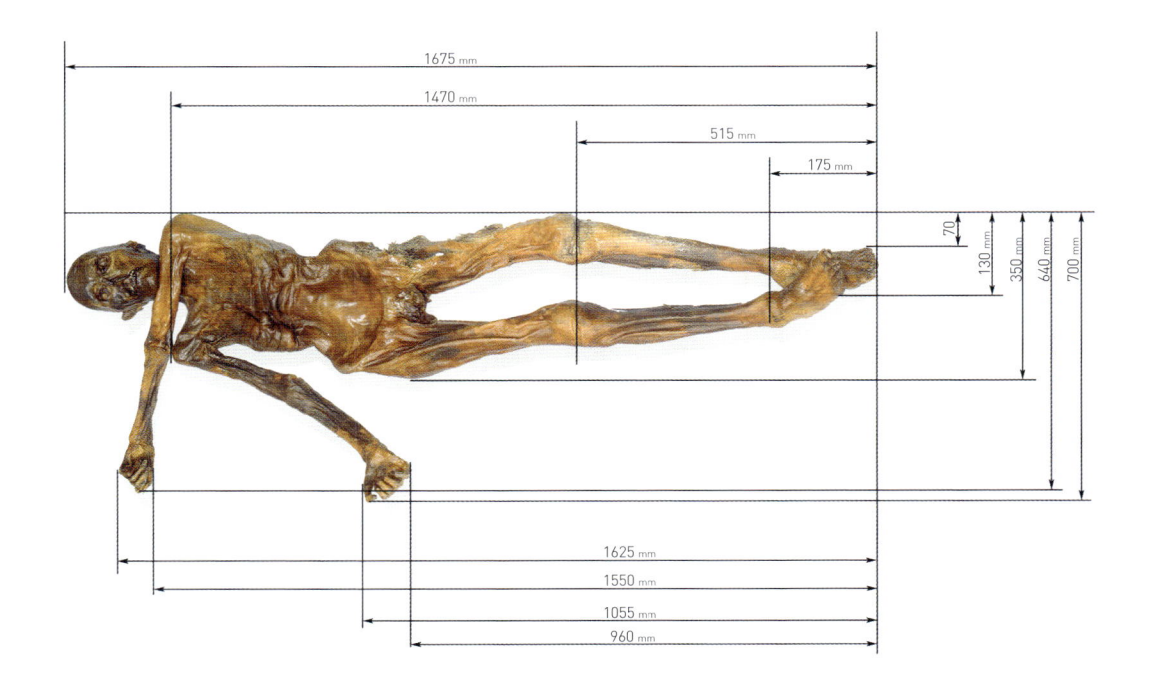

La particolarità e la forza di questo prodotto è rappresentata dalla grande qualità con cui le immagini si presentano mostrando ogni particolare con la massima fedeltà di riproduzione possibile. Un'attenzione speciale è stata quindi riservata alla scelta delle apparecchiature da impiegare per la ripresa fotografica.

Documentare un oggetto tridimensionale rappresenta fondamentalmente un problema dal punto di vista della fisica, dovuto al fatto che è necessario registrare in maniera corretta anche la "profondità di campo". Otticamente non è semplice ottenere una visione uniformemente chiara o "a fuoco" quando si fotografa con un obbiettivo in macrofotografia. Numerosissime sono state le prove e le misurazioni che abbiamo effettuato allo scopo di ottenere il miglior compromesso tra "messa a fuoco", "profondità di campo" e distanza di ripresa.

Die Besonderheit dieses Projekts ist die hervorragende Qualität der Bilder, die jedes Detail mit der höchstmöglichen Wiedergabequalität zeigen. Die Wahl der Aufnahmegeräte war also ganz besonders wichtig.

Die Dokumentation eines dreidimensionalen Objektes stellt im Wesentlichen ein physikalisches Problem dar: die Erzielung einer einwandfreien „Tiefenschärfe". Optisch ist es nicht einfach, ein gleichmäßig deutliches oder „scharfes" Bild zu erhalten, wenn man mit einem Objektiv zur Makrofotografie arbeitet. Es waren zahlreiche Versuche und Messungen nötig, um den besten Kompromiss zwischen „Scharfeinstellung", „Tiefenschärfe" und Aufnahmeentfernung zu finden.

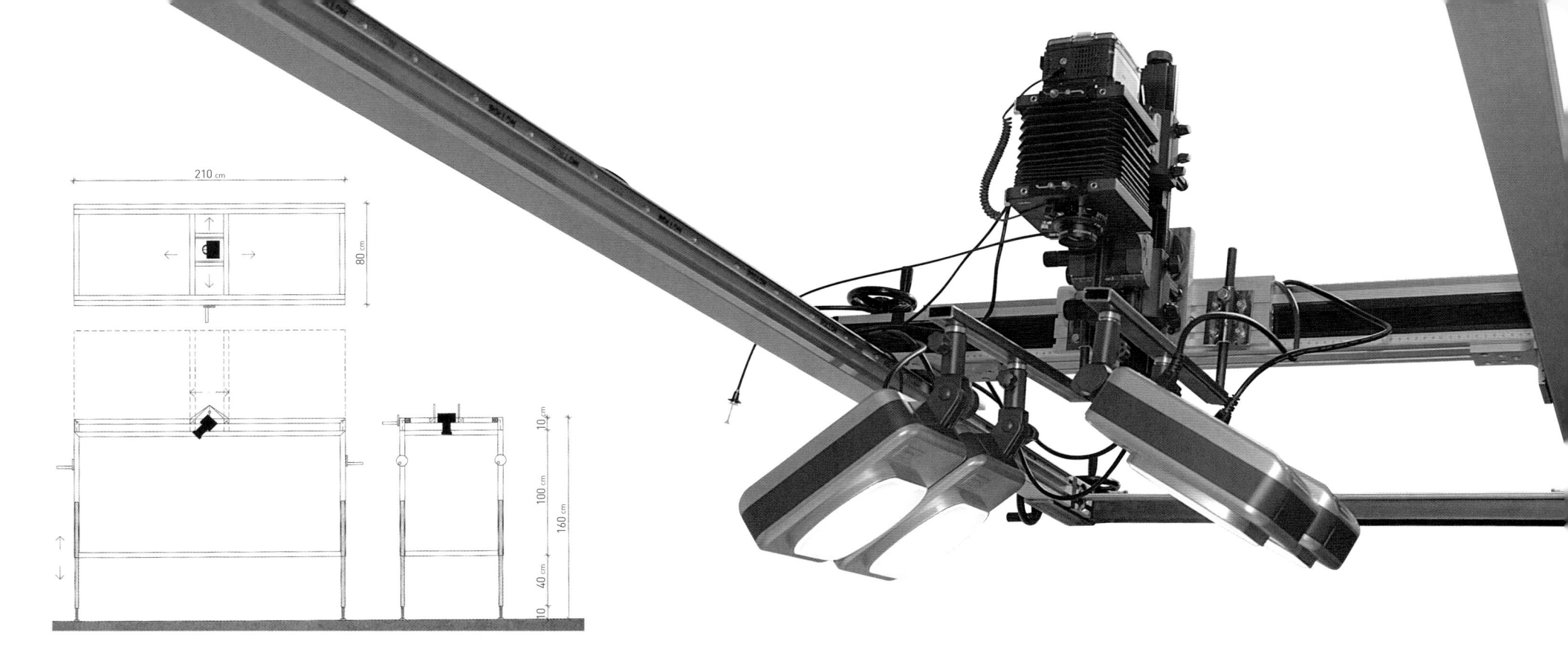

The solution adopted was a shooting distance (optics-subject) of 130cm, obtained with an optics SCHNEIDER KREUZNACH, Apo Digitar 5,6/120 MC 26° model. The lens set on 22.5 f-stop provides a depth of field equal to 18 cm.

The camera, or rather the adopted shooting system, is a large format camera made by the company CAMBO, Ultima-D Large Format model, equipped with digital camera back made by the company LEAF, Aptus 22 model, set at 25 ASA. The specificity of the acquisition sensor necessitated the shooting system to be coupled to a laptop for the downloading and storing of the numerous images.

La soluzione adottata infine è rappresentata da: distanza di ripresa (ottica-soggetto) pari a 130 cm, ottenuta con un'ottica SCHNEIDER KREUZNACH, modello Apo Digitar 5,6/120 MC 26°. Quest'obbiettivo impostato sul diaframma 22,5 offre una "profondità di campo" di 18 cm.

La macchina fotografica, o per meglio dire, il sistema di ripresa impiegato è un banco ottico a "grande formato" della ditta CAMBO, modello Ultima-D Large Format, dotato di dorso digitale della ditta LEAF, modello Aptus 22, impostato a 25 ASA. Proprio la particolarità del sensore di acquisizione ci costringeva ad abbinare al sistema di ripresa un computer portatile necessario alla registrazione delle numerose immagini.

Schließlich wurde folgende Lösung verwendet: Aufnahmeentfernung (Optik-Objekt) 130 cm, Optik SCHNEIDER KREUZNACH, Modell Apo Digitar 5,6/120 MC 26°; dieses Objektiv bietet mit der Blende 22,5 bei dieser Entfernung eine Tiefenschärfe von 18 cm.

Bei der Kamera, oder besser gesagt, dem Aufnahmesystem, handelte es sich um eine großformatige optische Bank der Firma CAMBO, Modell Ultima-D Large Format, mit Digitalrückteil der Firma LEAF, Modell Aptus 22, eingestellt auf 25 ASA. Eben die Besonderheit des Erfassungssensors zwang uns, das Aufnahmesystem mit einem Notebook für die Aufzeichnung der zahlreichen Bilder zu koppeln.

Special research was conducted on the lights to be used. Since illuminators, which would have unleashed too much energy and harmful radiation, could not be utilized, we focused the research on flash lamps. Taking the reduced space available into consideration as well, we identified the small flash lamps made by the company EKASLIP, Excella Ample 300 model, which are extremely flat and provide an excellent compromise between compactness and light intensity. We adapted the supporting structure to house four 300W flash lamps. In consideration of the shooting distance and of the very reduced f-stop (f 22.5) the lamps were set at maximum power.

At the end of the simulations we were ready and keen to get on with the real shooting. We had carefully prepared every step in the procedure as if it were a movie – now, we just needed to shoot it.

Uno studio speciale è stato dedicato alla scelta delle luci da impiegare. Non potendo utilizzare illuminatori che apportassero troppa energia e pericolose radiazioni, abbiamo concentrato la nostra ricerca sulle lampade di tipo flash. Sempre tenendo presente i limitati spazi di manovra, abbiamo trovato un ottimo compromesso con la quantità di luce richiesta nei piccoli flash della ditta EKASILP, modello Excella Ample 300, che produce modelli straordinariamente piatti. Abbiamo adattato la struttura portante per alloggiarne 4 da 300 watt. Considerati la distanza di ripresa e il diaframma scelto così ridotto (f 22,5), li abbiamo impostati alla massima potenza.

Alla fine delle simulazioni eravamo pronti e ansiosi di cominciare realmente. Avevamo descritto ogni passaggio della lavorazione come nella sceneggiatura di un film; ora dovevamo solo girarlo.

Eine besondere Studie war der Wahl des richtigen Lichts gewidmet. Da wir keine Leuchtkörper verwenden konnten, die zu viel Energie und gefährliche Strahlungen abgeben, haben wir unsere Suche auf Blitzlampen konzentriert. Angesichts der wie gesagt beengten Raumverhältnisse haben wir einen hervorragenden Kompromiss hinsichtlich der erforderlichen Lichtmenge in den kleinen Blitzen der Firma EKASILP, Modell Excella Ample 300, gefunden, die diese außergewöhnlich flachen Blitzlichter herstellt. Wir haben die Halterung für die Aufnahme von 4 Blitzlichtern à 300 Watt angepasst. Unter Berücksichtigung der Aufnahmeentfernung und der gewählten kleinen Blende (f 22,5) haben wir sie auf höchste Leistung eingestellt.

Am Ende der Simulationen waren wir bereit für die Arbeit und konnten es nicht erwarten, endlich anzufangen. Wir hatten jeden Schritt der Arbeit wie im Drehbuch eines Films beschrieben. Jetzt mussten wir ihn nur noch drehen.

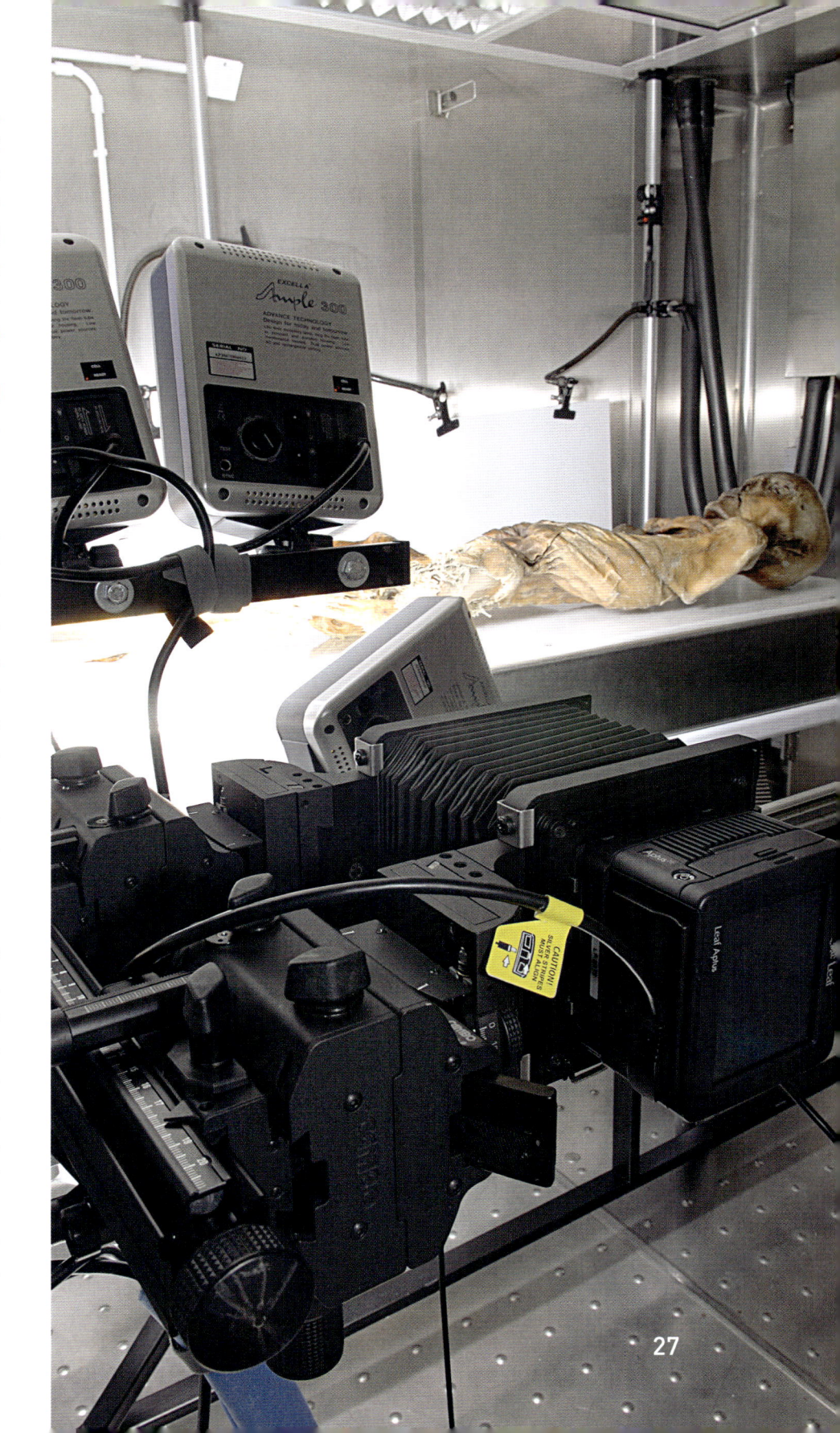

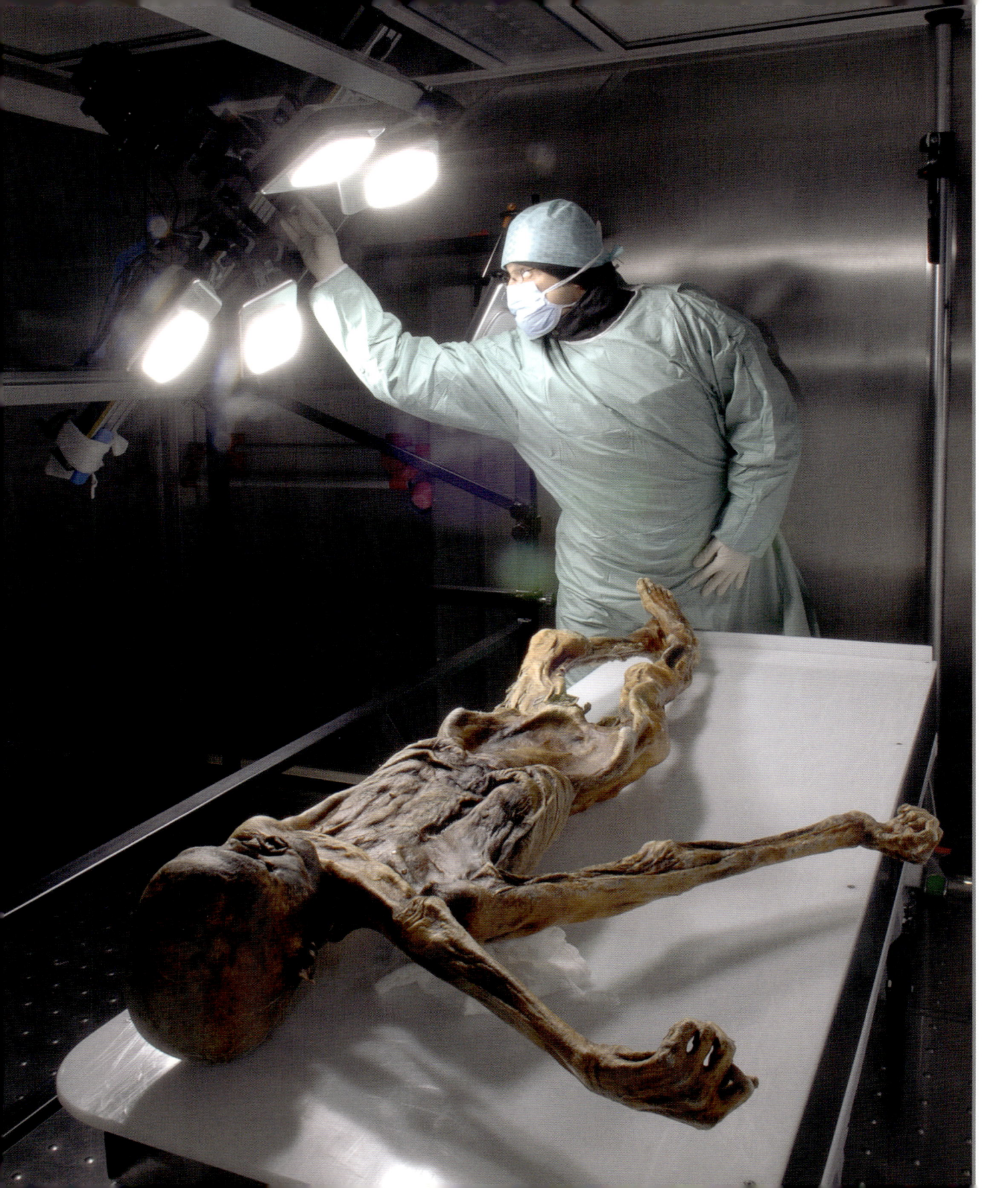

3. The scanning
La scansione
Das Einscannen

The first lines in the script describe the preparation and the defrosting of the mummy. Without interfering with the museum opening hours, when we could not work, over the course of two nights, aided by the surgical pathologist, Eduard Egarter Vigl (Chief conservator of the Iceman), we warmed up the preservation environment for a couple of hours and dried the body surface to make it clearly visible and free from ice.

It took a full day to assemble the apparatus in the decontamination cell and a further day to install all the remaining equipment. Testing followed, along with the acclimation of the environment, i.e. the gradual cooling of the cell down to an air temperature of -6.00°C (267.15K). Maximum care was taken to ensure the integrity and correct functioning of the electrical components. During this preparatory work, the mummy remained in the main preservation cell where it usually lies.

Il copione prevedeva come prima cosa la preparazione e lo scongelamento superficiale della mummia. Tenendo sempre presente gli orari d'apertura del museo, durante i quali chiaramente non potevamo operare, nel tempo di due notti, con l'aiuto dell'anatomopatologo Eduard Egarter Vigl, responsabile scientifico della conservazione dell'Iceman, abbiamo potuto riscaldare per qualche ora l'ambiente di conservazione ed asciugare la superficie del corpo, che alla fine risultava perfettamente visibile e libera dal ghiaccio.

Un intero giorno è stato necessario per l'allestimento della struttura all'interno della cella laboratorio e un secondo giorno per l'installazione di tutto il resto delle apparecchiature. Sono seguiti poi i test e infine l'acclimatamento dell'ambiente, ovvero il graduale raffreddamento della cella che riportava la temperatura dell'aria a -6,00°C (267.15 K). Questa attenzione era necessaria per salvaguardare l'integrità ed il corretto funzionamento delle parti elettroniche. Per tutta la durata di queste operazioni il corpo della mummia era posto all'interno della cella di conservazione principale, dove è conservato abitualmente.

Das Drehbuch sah zuerst die Präparation und das Antauen der Mumie vor. Da wir natürlich nicht während der Öffnungszeiten des Museums arbeiten konnten, haben wir zwei Nächte lang mit Hilfe des Pathologen Eduard Egarter Vigl, dem wissenschaftlichen Konservierungsbeauftragten für den „Mann aus dem Eis", ein paar Stunden lang den Konservierungsraum aufheizen und die Oberfläche des Körpers der Mumie abtrocknen können, der am Ende vollkommen sichtbar und ohne Eisüberzug war.

Ein ganzer Tag war für den Aufbau der Konstruktion in der Laborzelle erforderlich und ein zweiter für den Einbau der restlichen Ausrüstungen. Es folgten die Tests und schließlich die Akklimatisation des Raums, d.h., die allmähliche Abkühlung der Zelle auf eine Lufttemperatur von -6,00°C (267.15 K). Dieses Vorgehen war erforderlich zur Sicherstellung der Unversehrtheit und der einwandfreien Arbeitsweise der Elektronik. Währenddessen befand sich die Mumie die ganze Zeit in der Hauptkonservierungszelle, wo sie normalerweise aufbewahrt wird.

30

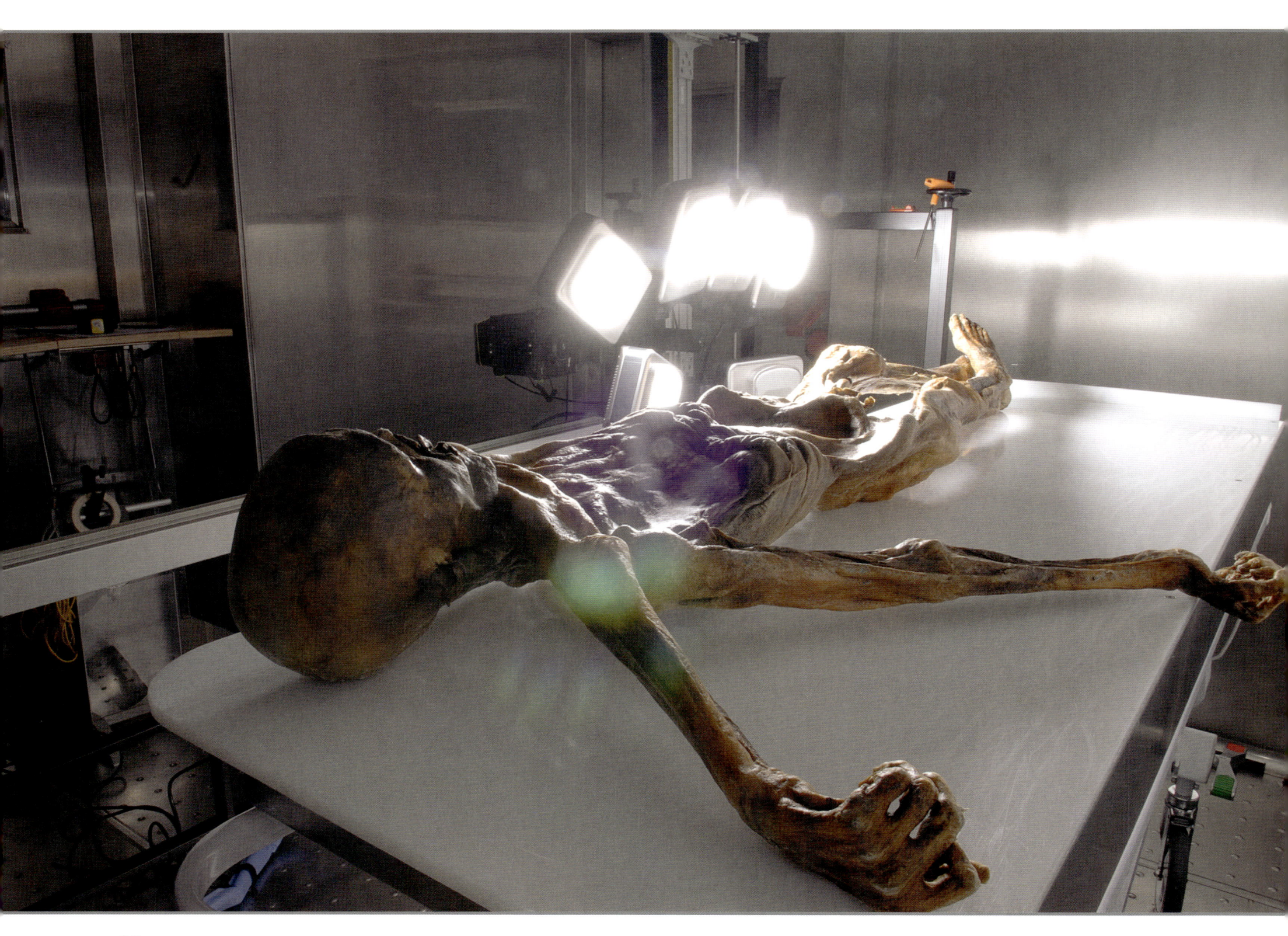

Everything was ready and at 6 p.m. on the third day we finally started the shooting procedure. After having taken all necessary precautions to ensure that the working environment was completely sterile, we extracted the mummy from the main preservation cell and placed it under the photoscanner.

Tutto era pronto e alle ore 18.00 del terzo giorno abbiamo finalmente cominciato con il programma di ripresa. Dopo le precauzioni per l'indispensabile sterilità abbiamo estratto la mummia dalla cella di conservazione principale e l'abbiamo posizionata sotto il fotoscanner.

Alles war fertig und am dritten Tag um 18:00 Uhr begannen wir endlich mit den Aufnahmen. Nach den Sicherheitsmaßnahmen für die unerlässliche Sterilität haben wir schließlich die Mumie aus der Konservierungszelle herausgenommen und sie unter den Fotoscanner gelegt.

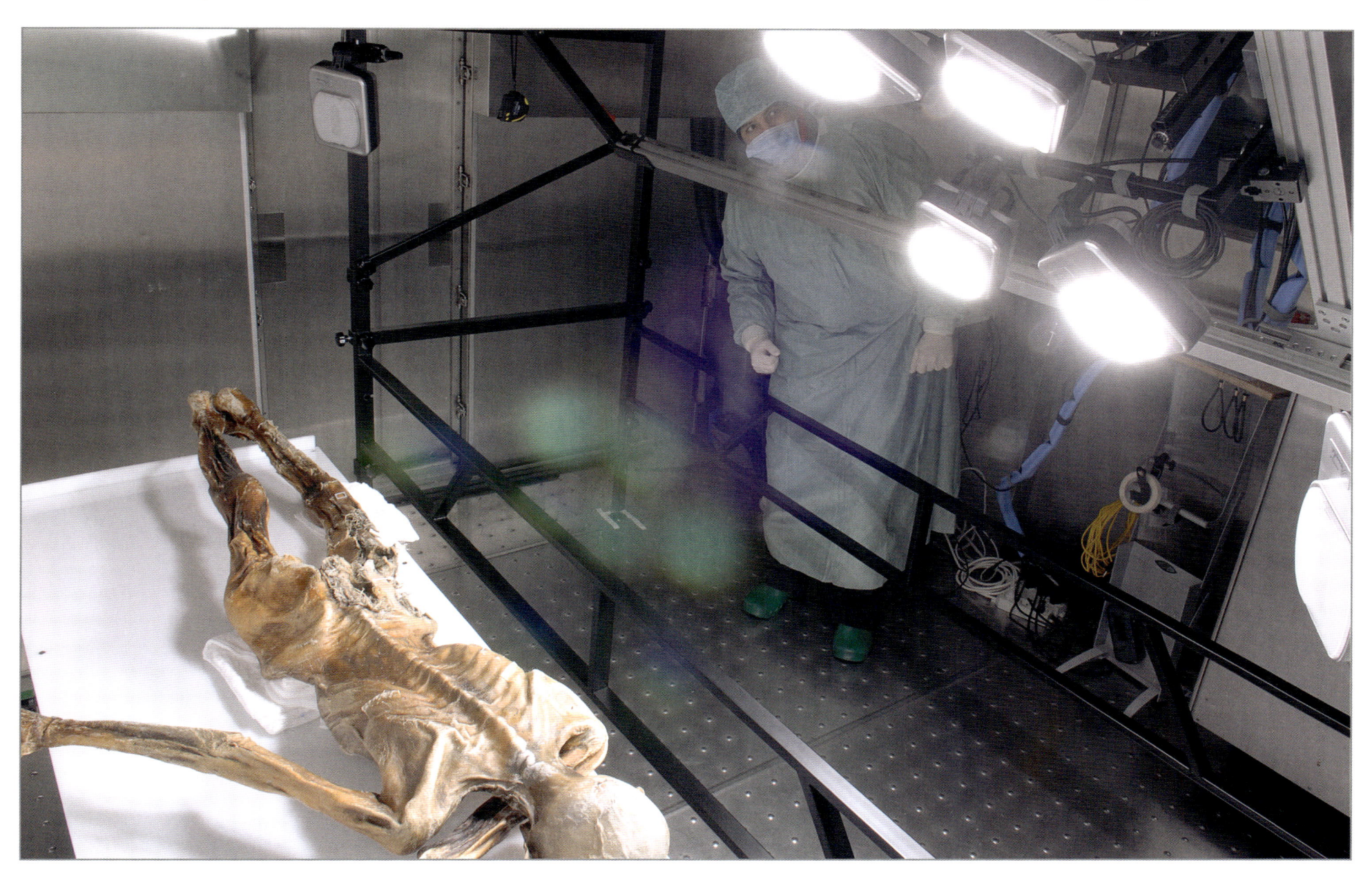

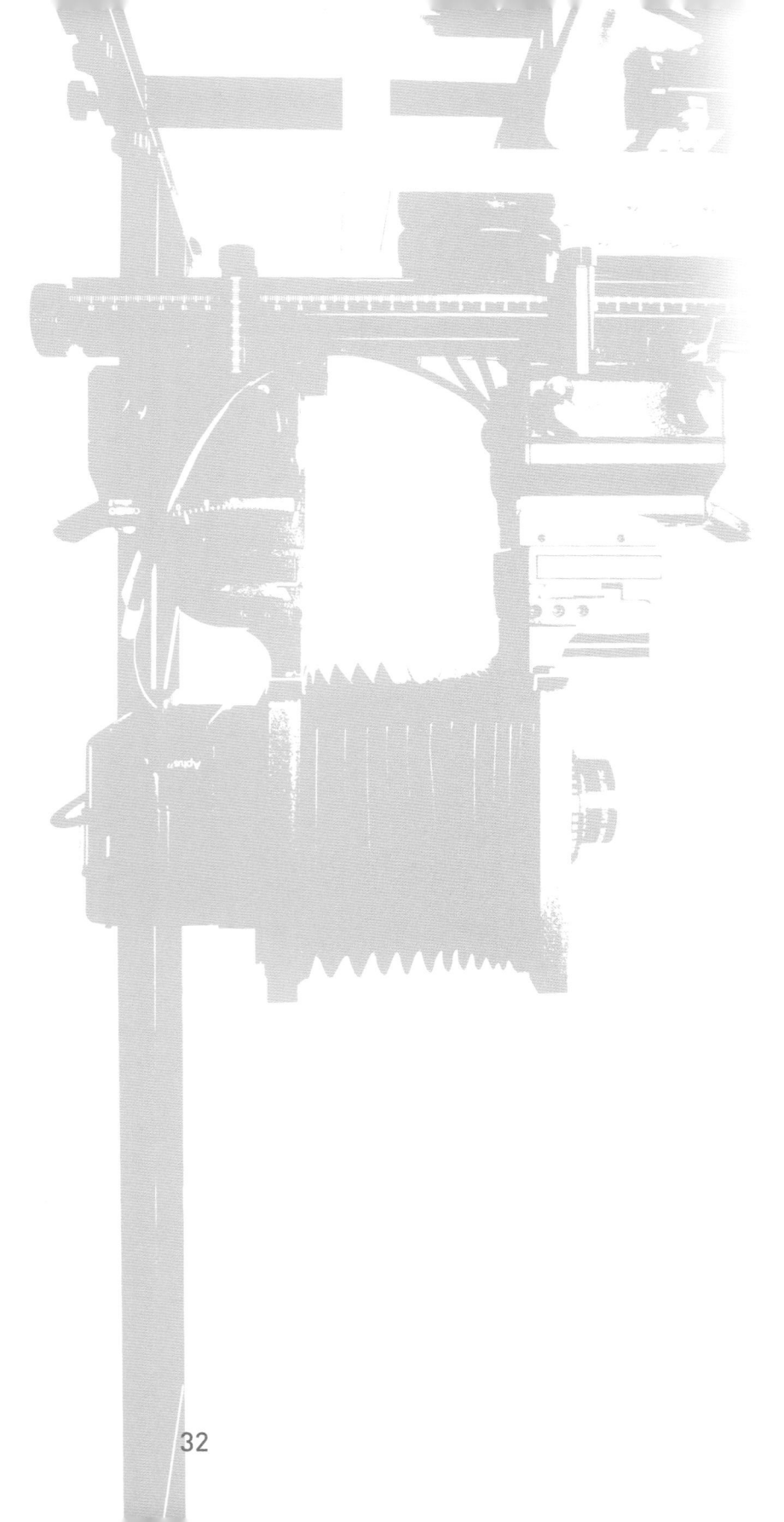

By rotating the axis every time by 45°, more than 500 scans were effected from 16 differing angles. To ensure the completeness of each scan, it was essential to perfectly shoot every image, since no "holes" or inaccuracies are allowed in a sequence. The micrometric accuracy provided by our adjustable support fully met our expectations. In order to obtain a perfectly complete sequence, we had calculated a focal shift margin for each scan that would consistently produce generously-overlapping images, so as to be able to recreate the final puzzle.

During the simulation tests, we had unfortunately not created the fatiguing conditions of temperature and humidity which we encountered during the real shooting so therefore we had to go on for an extra night.

Abbiamo realizzato alla fine più di 500 acquisizioni su 16 punti di vista differenti, facendo ruotare l'asse di ripresa ogni volta di 45°. Di vitale importanza ai fini della completezza di ogni scansione era realizzare perfettamente ogni singola immagine, poiché in una sequenza non sono mai ammessi "buchi" o imprecisioni. L'accuratezza micrometrica offerta dal nostro supporto orientabile ha soddisfatto le nostre esigenze. Per ottenere con assoluta certezza una sequenza completa avevamo calcolato per ogni acquisizione un margine di spostamento in difetto, in modo tale da ottenere immagini sempre "abbondanti", preziose in seguito per ricreare il puzzle.

Durante i test di simulazione purtroppo non avevamo riprodotto le condizioni ambientali di temperatura e umidità, che hanno invece inciso pesantemente sulla nostra resistenza fisica. Le riprese si sono quindi protratte anche per la notte seguente.

Am Ende hatten wir mehr als 500 Fotos aus 16 verschiedenen Blickwinkeln angefertigt, wobei die Aufnahmeachse jedes Mal um 45° gedreht wurde. Von entscheidender Bedeutung für die Vollständigkeit jedes Scans war es, dass jedes einzelne Bild perfekt war, da bei Sequenzaufnahmen nie "Lücken" oder Unschärfen auftreten dürfen. Die mikrometrische Genauigkeit unserer schwenkbaren Halterung genügte voll und ganz unseren Ansprüchen. Um mit absoluter Gewissheit eine komplette Sequenz zu erhalten, hatten wir für jede Aufnahme einen gewollt niedrigen Verschiebungsspielraum berechnet, damit wir sicher sein konnten, immer "großzügig" bemessene Bilder zu erhalten, die uns danach bei der Zusammensetzung des Puzzles von großem Wert sein würden.

Während der Simulationstests hatten wir unglücklicherweise die Umgebungsbedingungen hinsichtlich Temperatur und Luftfeuchtigkeit nicht berücksichtigt, was dann unser Durchhaltevermögen auf eine harte Probe gestellt hat. Die Aufnahmen gingen also auch noch in der folgenden Nacht weiter.

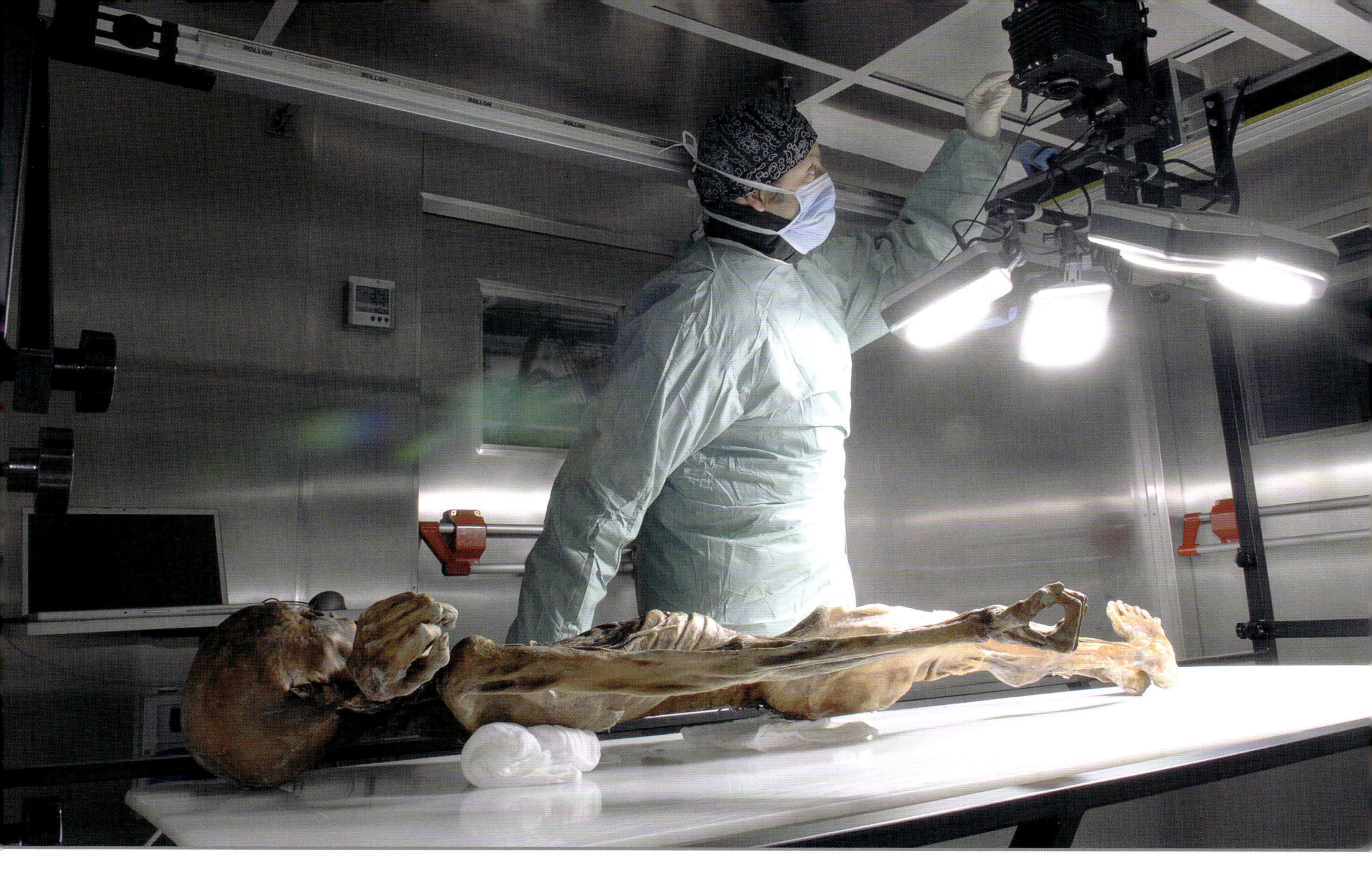

Although we now had a huge mountain of images, we knew that it represented just the raw material and that the next step of post-production for dissemination on the web had to be taken.

Le immagini prodotte sino a quel momento, rappresentavano certamente una grande mole di documentazione, ma sapevamo di aver ottenuto solo il materiale grezzo e che ora si sarebbe dovuti passare allo step successivo: la postproduzione per la messa in rete.

Die bis zu diesem Moment fertiggestellten Aufnahmen stellten sicherlich ein großes Dokumentationsvolumen dar, aber wir wussten, dass es erst das Rohmaterial war und dass der nächste Schritt auf uns wartete: die Nachbearbeitung und Online-Bereitstellung.

4. The post-production and the website
La postproduzione ed il sito internet
Die Nachbearbeitung und die Webseite

The scans taken in the cell with the scanner had to be re-sized and processed by the software application we had chosen. Special thanks go to Dania Chittaro, who, with professionalism and patience, spent weeks manually creating all the pieces to be put together to create this fascinating puzzle.

Tutte le acquisizioni realizzate in cella con lo scanner dovevano ora subire un processo di ridimensionamento e essere preparate a seconda delle caratteristiche software che avevamo previsto. Si è trattato di un grosso lavoro manuale, per il quale ringraziamo la professionalità e la pazienza di Dania Chittaro, che per settimane ha dedicato il suo tempo a creare tutti i tasselli del grande puzzle.

Alle in der Zelle mit dem Scanner gemachten Bilder mussten nun auf die richtige Größe gebracht und für die Merkmale der Software, die wir einsetzen wollten, aufbereitet werden. Es handelte sich um viel Handarbeit, die professionell und geduldig von Dania Chittaro geleistet wurde. Über Wochen hat sie ihre Zeit damit verbracht, alle Teile des großen Puzzles vorzubereiten, und hiermit soll ihr dafür gedankt werden.

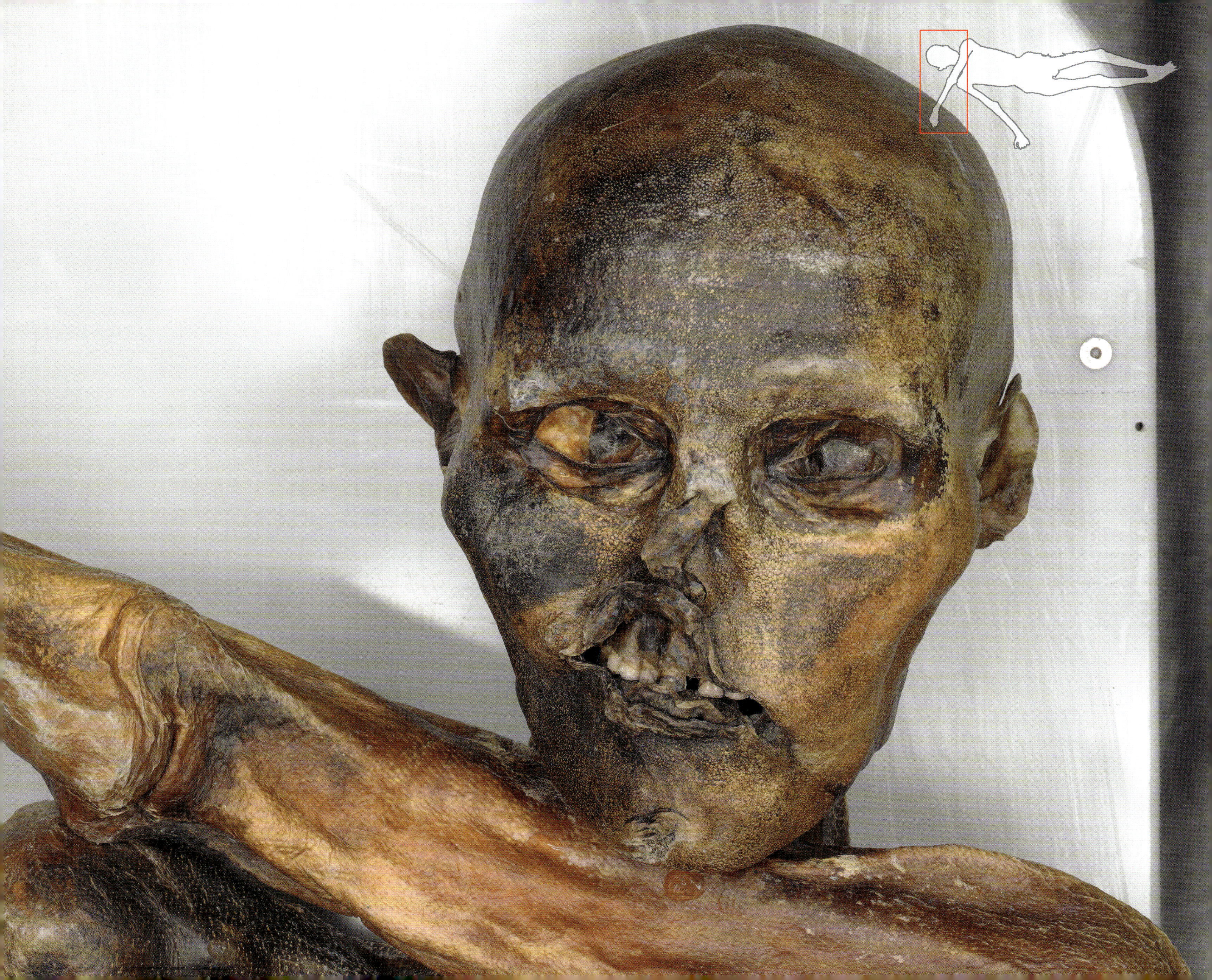

We had created a total of 16 differing view angles of the mummy's body. The scanner took almost 50 images each of the front and back of the body. Each single image has a definition of 4056 x 5356 pixel (22 MP). All the images were re-processed in order to allow an easy navigation on the Website. The 158,206 images of the entire project represent 6 GB.

The first two steps were now complete, we just had to find how to assemble the puzzle. This tough task was assigned to Bernd Schnitzer, an ingenious software designer, who by creating inspired solutions, realised a website specifically dedicated to this project.

Abbiamo sviluppato un totale di 16 punti d'osservazione differenti del corpo della mummia. I lati più importanti erano il fronte ed il retro, per i quali il fotoscanner ha acquisito quasi 50 immagini. Ogni singola foto ha la risoluzione di 4056 x 5373 pixel (22 MP). Per permettere una facile navigazione Web, tutte le acquisizioni sono state rielaborate. Alla fine l'intero progetto conta 158.206 immagini per un peso totale di circa 6 GB.

Eravamo arrivati apparentemente ad un buon punto, ci mancava solo il modo di ricomporre il puzzle. Questo compito straordinario è toccato a Bernd Schnitzer, un geniale produttore di software, che attuando soluzioni insperate, ha permesso la realizzazione di un sito web dedicato esclusivamente a questo progetto.

Wir haben uns insgesamt 16 Betrachtungspunkten des Körpers der Mumie gewidmet. Die wichtigsten Seiten waren die Vorder- und die Rückseite, wovon fast 50 Bilder gescannt wurden. Jedes einzelne Foto hat eine Auflösung von 4056 x 5356 Pixel (22 MP). Um das Abrufen im Internet zu vereinfachen, wurden alle Bilder bearbeitet. Am Ende zählt das ganze Projekt 158.206 Fotos mit einem Gesamtvolumen von ca. 6 GB.

Wir waren nun schon weit gekommen, es fehlte nur noch das Zusammenfügen des Puzzles. Diese außergewöhnliche Aufgabe fiel Bernd Schnitzer zu, einem genialen Softwareproduzenten, der mit unverhofften Lösungen die Einrichtung einer Webseite möglich machte, die ausschließlich diesem Projekt gewidmet ist.

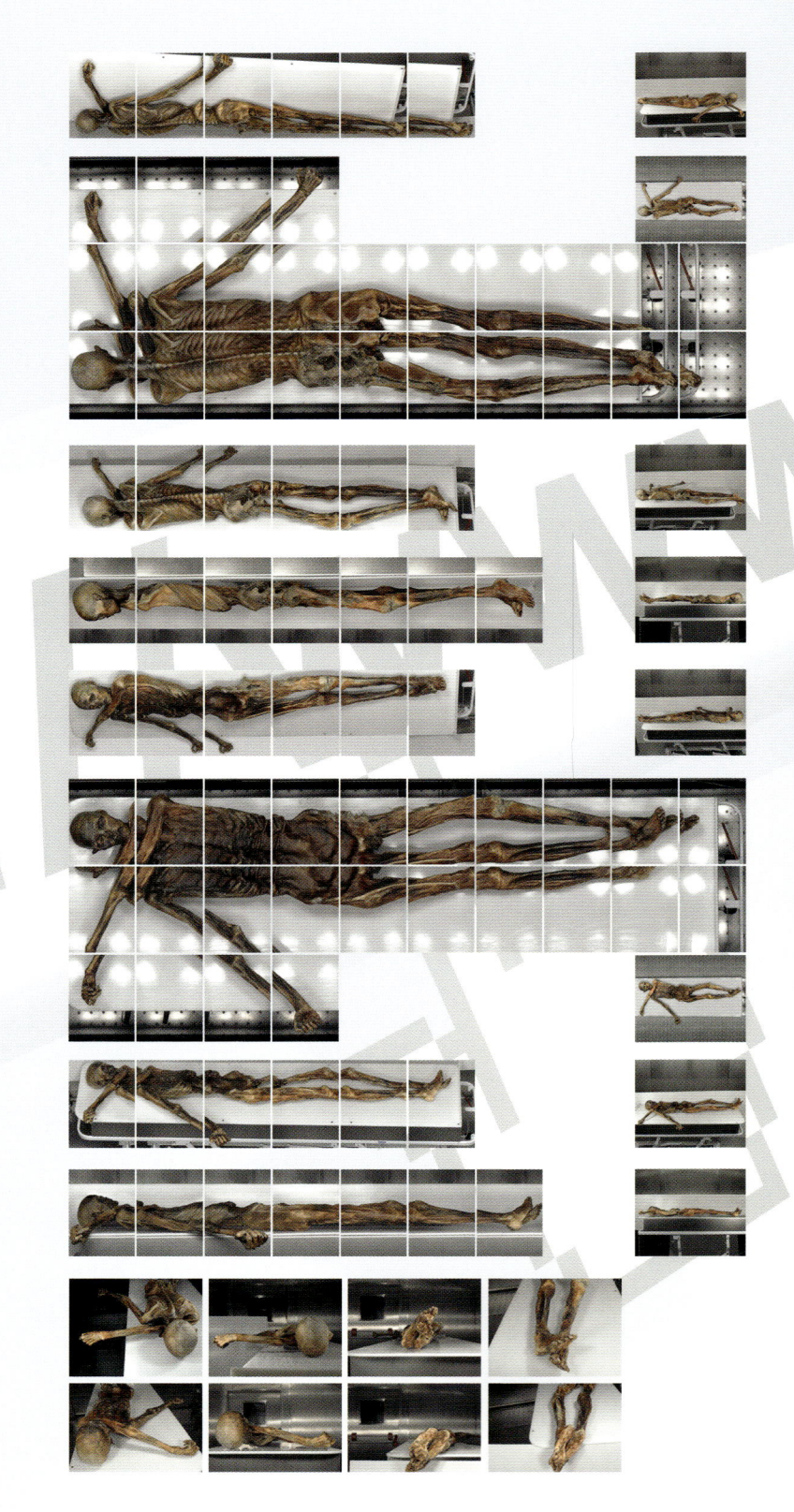

37

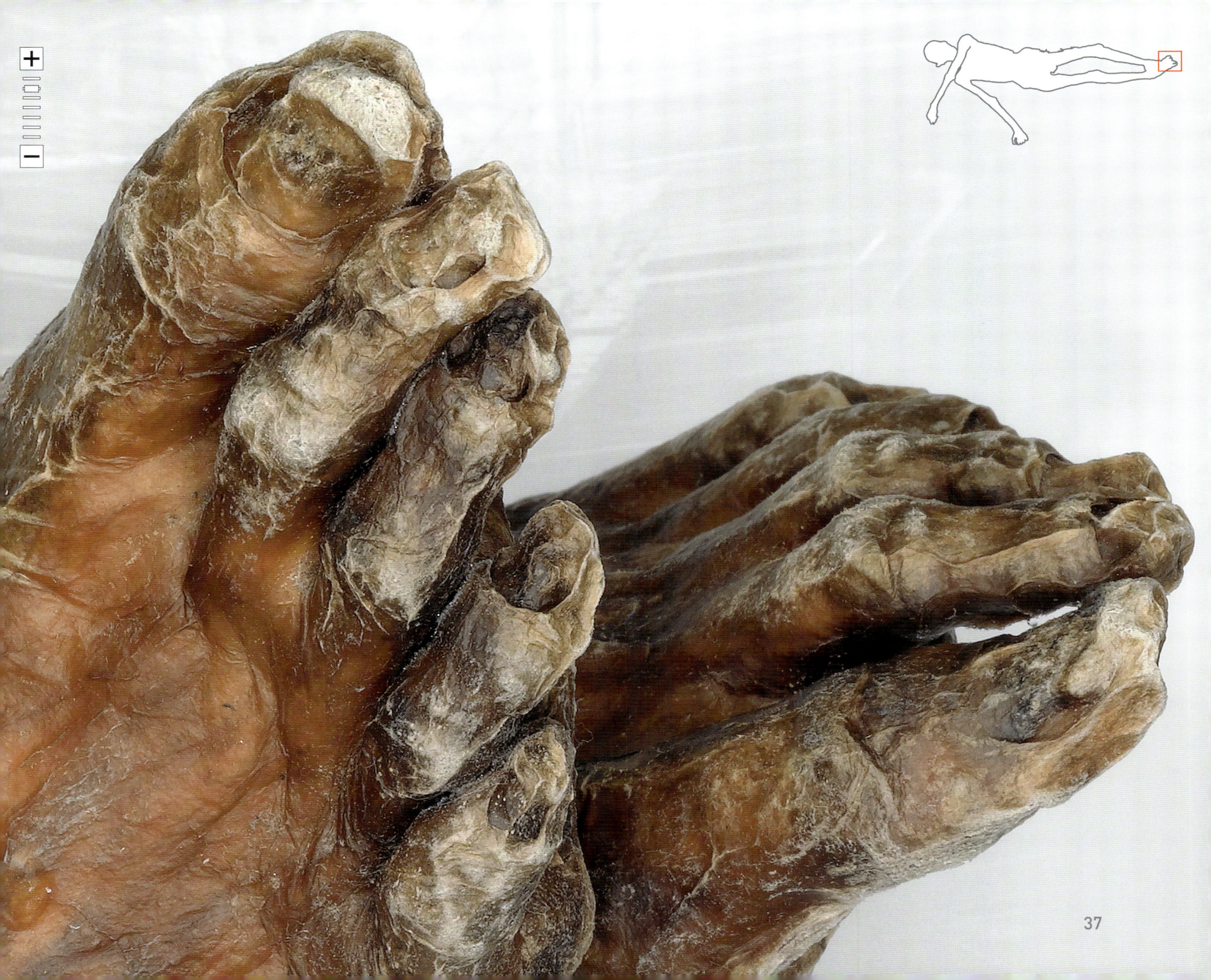

The web site address is:
"www.icemanphotoscan.eu"

This website, which does not require any type of installation or subscription, can be accessed freely and anonymously.

The underlying principle is to provide an opportunity for the public to see and study the mummy without having to subscribe or pay for it.

Il nome che ho scelto è
"www.icemanphotoscan.eu"

È possibile accedervi senza limitazioni in maniera anonima e senza impostazioni particolari di scaricamento e conseguente installazione di alcuna applicazione.

Il principio rimane lo stesso: dare la massima libertà a chiunque di vedere, conoscere e studiare senza necessità di pagare o registrarsi.

Dafür habe ich den Namen
„**www.icemanphotoscan.eu**" gewählt.

Der Zugang ist ohne Einschränkungen in anonymer Form und ohne besondere Einstellungen für das Herunterladen sowie ohne Installation von Anwendungen möglich.

Der Grundsatz bleibt gleich: Jeder soll die Möglichkeit haben, die Mumie zu sehen, kennen zu lernen und zu studieren, ohne dafür bezahlen oder sich anmelden zu müssen.

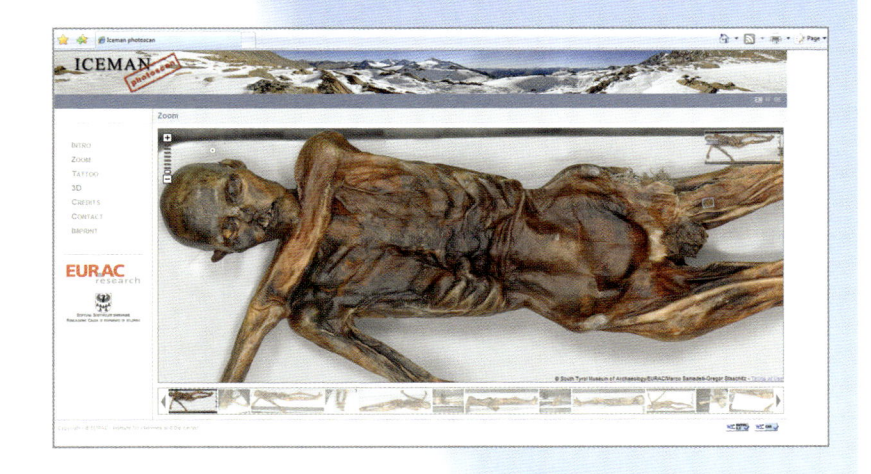

For the visualization and navigation of the website, we relied upon existing applications on the web, such as those used for road maps and satellite mapping; also because many users are already acquainted with these reading standards.

This is a multi-lingual, fast-working, easy-to-use product, featuring modern graphics. The main section on observing the mummy is divided into three sub-sections:
1. complete view of the mummy,
2. section dedicated to the tattoos,
3. stereoscopic images.

The first sub-section, which provides a high quality image of the mummy beginning with the entire body view, and by utilizing 7 zoom levels, progressing to detail of a few millimetres.

Per la visualizzazione e navigazione del sito ci siamo ispirati ad applicazioni già esistenti nel Web, come quelle utilizzate per le indicazioni stradali e le mappature satellitari; anche perché molti utenti sono già abituati ad usare questo standard di lettura.

Un prodotto in multilingua, con grafica moderna, intuitivo e veloce, che per la sezione dedicata all'osservazione della mummia è suddiviso in tre capitoli:
1. la visione completa della mummia,
2. l'approfondimento relativo ai tatuaggi,
3. le immagini stereoscopiche.

La prima parte è la più importante e permette di vedere, in alta qualità, un'immagine della mummia partendo dalla vista del corpo intero sino ad arrivare al particolare di pochi millimetri, utilizzando fino a 7 livelli di avvicinamento.

Für die Darstellung und das Surfen auf der Seite haben wir uns an bereits im Web vorhandene Anwendungen angelehnt, etwa für Wegbeschreibungen und Satellitenkartierungen, auch weil viele Nutzer mit solchen Standards schon vertraut sind.

Die Webseite ist mehrsprachig gehalten, mit moderner Grafik, intuitiv und schnell. Der Abschnitt der Mumienbilder ist in drei Kapitel unterteilt:
1. komplette Ansicht der Mumie,
2. Detailaufnahmen der Tätowierungen,
3. stereoskopische Aufnahmen.

Der erste Teil ist der wichtigste: Das Bildmaterial in Hochauflösung geht von der Ansicht des ganzen Körpers bis zu Details von wenigen Millimetern, wobei bis zu 7 Zoomebenen verwendet werden.

The whole project is documented in three languages: Italian, German and English; the main application that creates the browser layout (language selection, navigation, images visualization, sub-sections visualization) loads dynamically. The procedure for its creation relies on technologies applied also to the so-called Web 2.0. The layout structure (the fixed part) is based on W3C international standards.

In setting up the website we could not utilize software or instruments developed by third parties since the way in which the mummy scans were taken required development of specific algorithms to determine, for example, the overlapping criteria for images in which the view angles and resolution are different.

The main difficulty lay in the requirement that the final product be fully compatible with the main browsers in use. The development of a dedicated service for the uploading of the images with an advanced method of transmission to the user's browser was thus essential for project success. This method interprets numerous parameters which immediately and constantly identify the image to be displayed. To optimize this process, Bernard Schnitzer has divided and renamed each section of the puzzle by multiples of 256, leaving the task of reassembling the entire sequence to each user's browser. Therefore, the application recreates the website in a dynamic way, leaving the original server free to respond to other users.

L'intero progetto è realizzato in tre lingue: italiano, tedesco ed inglese, per cui lo sviluppo dell'applicazione principale che crea il layout nel browser (selezione delle lingue, navigazione, visualizzazione delle immagini e tutti i capitoli) avviene in modo dinamico. Le procedure per la creazione poggiano su tecnologie usate anche nel cosiddetto Web 2.0. La struttura del layout (la parte rigida) è basata su standard internazionali W3C.

Per la realizzazione del sito non abbiamo potuto usare strumenti o software di terzi, poiché il modo in cui sono realizzate le foto della mummia ci obbliga a sviluppare algoritmi speciali per soddisfare ad esempio i criteri di sovrapposizione, in cui le diverse angolazioni e le risoluzioni sono differenti.

Una delle maggiori difficoltà incontrate è stato tener presente che il prodotto finale doveva essere completamente compatibile con i maggiori browser ad oggi esistenti. Vitale per la riuscita del progetto è stato lo sviluppo di un servizio dedicato per il caricamento delle immagini con metodo avanzato di trasmissione al browser dell'utente. Esso interpreta numerosi parametri che identificano istantaneamente ed in continuo l'immagine da visualizzare. Al fine di ottimizzare tale processo, Bernd Schnitzer ha suddiviso e rinominato ogni tassello del puzzle in multipli di 256, pensando successivamente di lasciar ricomporre l'intera sequenza dal browser del visitatore. Sarà quindi l'applicazione a ricreare il sito in modo completamente dinamico, lasciando il server di origine libero di effettuare altre multisessioni.

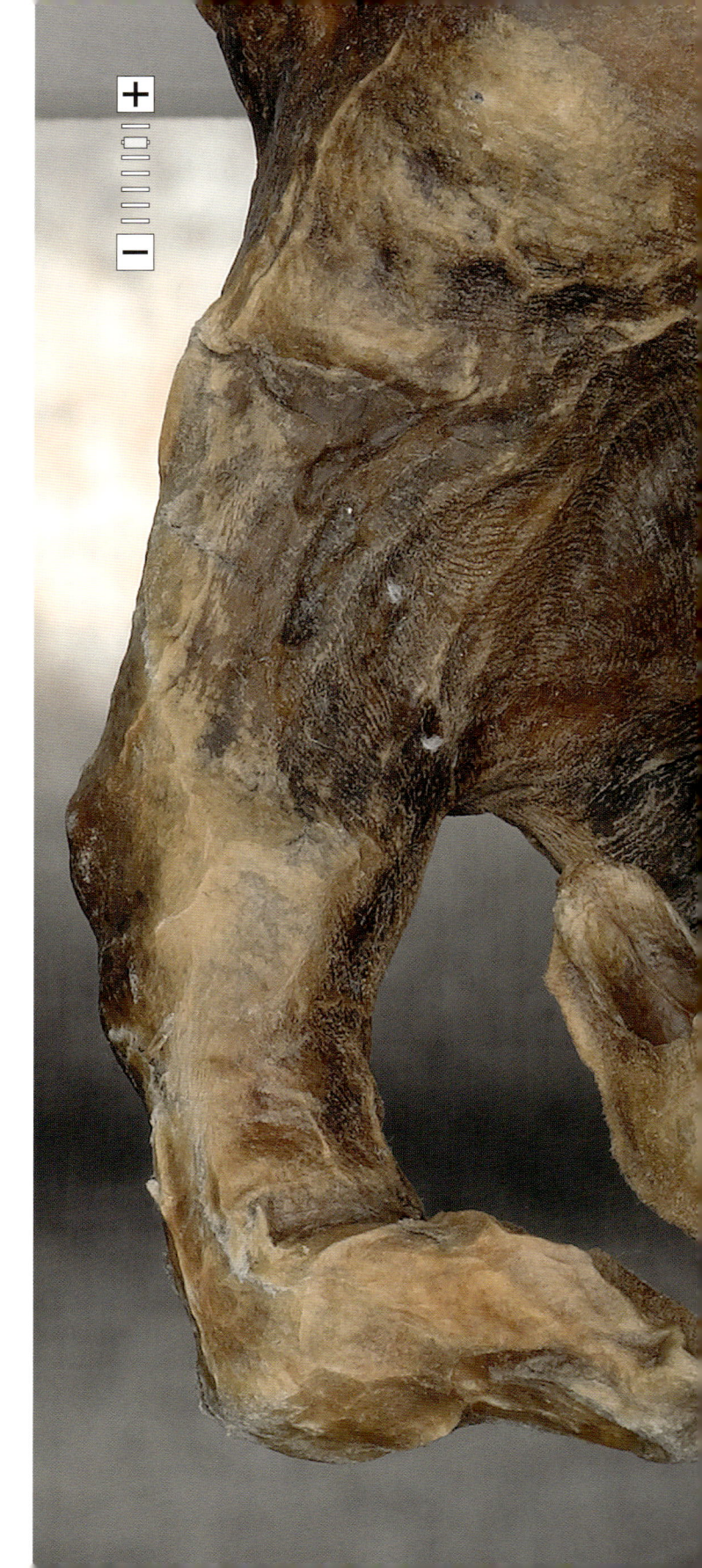

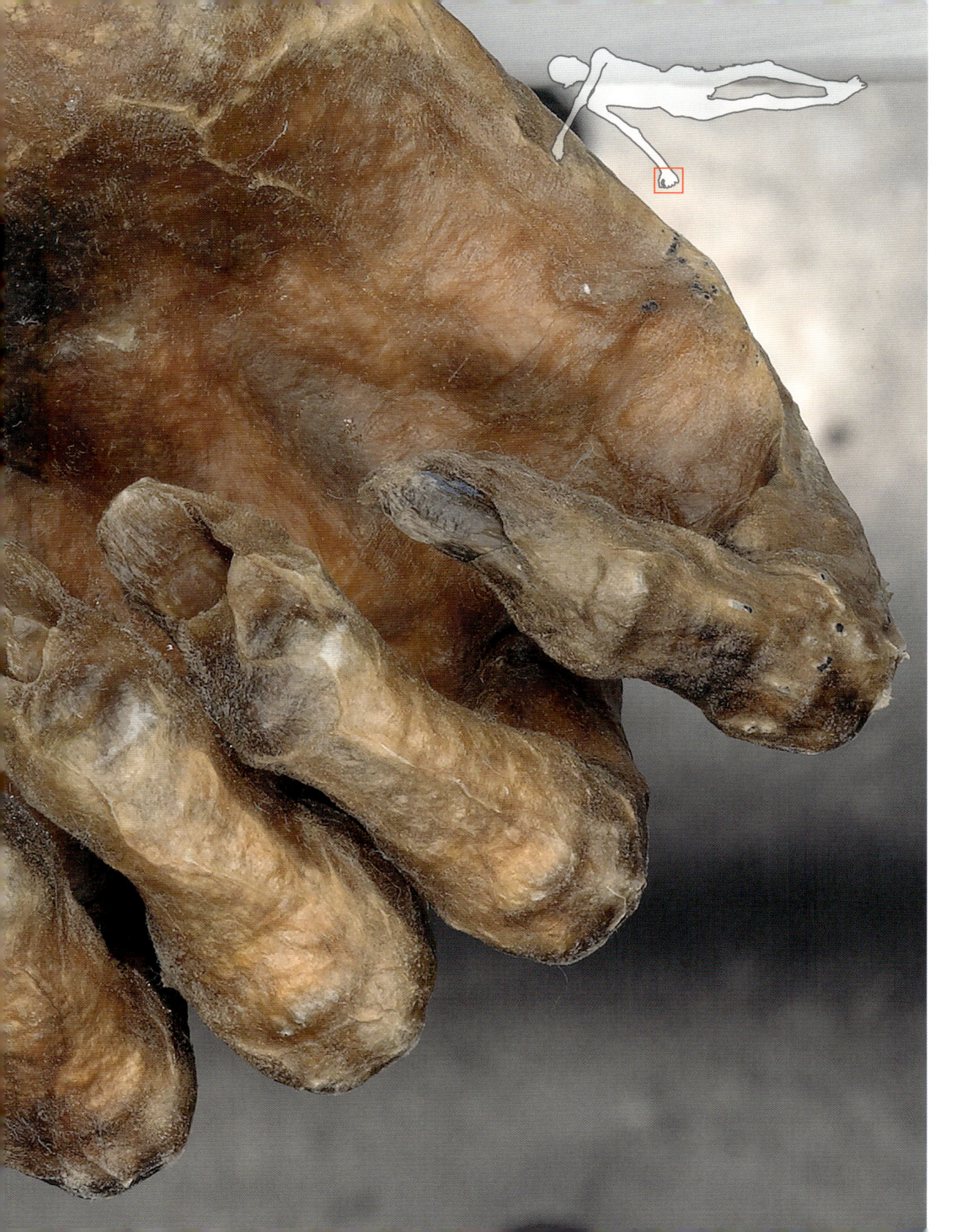

Das gesamte Projekt liegt in drei Sprachen vor, italienisch, deutsch und englisch, weshalb die Entwicklung der Hauptanwendung, die das Layout im Browser aufbaut (Sprachwahl, Browsen, Darstellung der Bilder und aller Kapitel) dynamisch erfolgt. Die Aufbauverfahren basieren auf Technologien, die auch im so genannten Web 2.0 verwendet werden. Die Struktur des Layouts (das Grundgerüst) entspricht den internationalen Standards W3C.

Für die Einrichtung der Seite konnten wir keine Tools oder Software von Dritten verwenden, weil die Art der Herstellung der Bilder der Mumie uns zur Entwicklung besonderer Algorithmen zwingt, um beispielsweise die Überlagerungen richtig darstellen zu können, wo Blickwinkel und Auflösungen unterschiedlich sind.

Eine der größten Schwierigkeiten bestand darin, dass das Endprodukt voll und ganz zu den wichtigsten heute verwendeten Browsern kompatibel sein musste. Ausschlaggebend für das Gelingen des Projekts war die Entwicklung eines Tools mit fortschrittlicher Übertragungsmethode für das Herunterladen der Bilder auf den Browser des Nutzers. Es wertet zahlreiche Parameter aus, die augenblicklich und permanent das darzustellende Bild identifizieren. Um diesen Prozess zu optimieren, hat Bernd Schnitzer jedes Teil des Puzzles in Vielfache von 256 unterteilt und umbenannt, wobei die gesamte Bildfolge dann vom Browser des Besuchers zusammengestellt wird. Es ist also die Anwendung selbst, die die Webseite auf vollkommen dynamische Weise neu aufbaut, und der Ursprungsserver kann inzwischen andere Mehrfachsitzungen übernehmen.

42

43

44

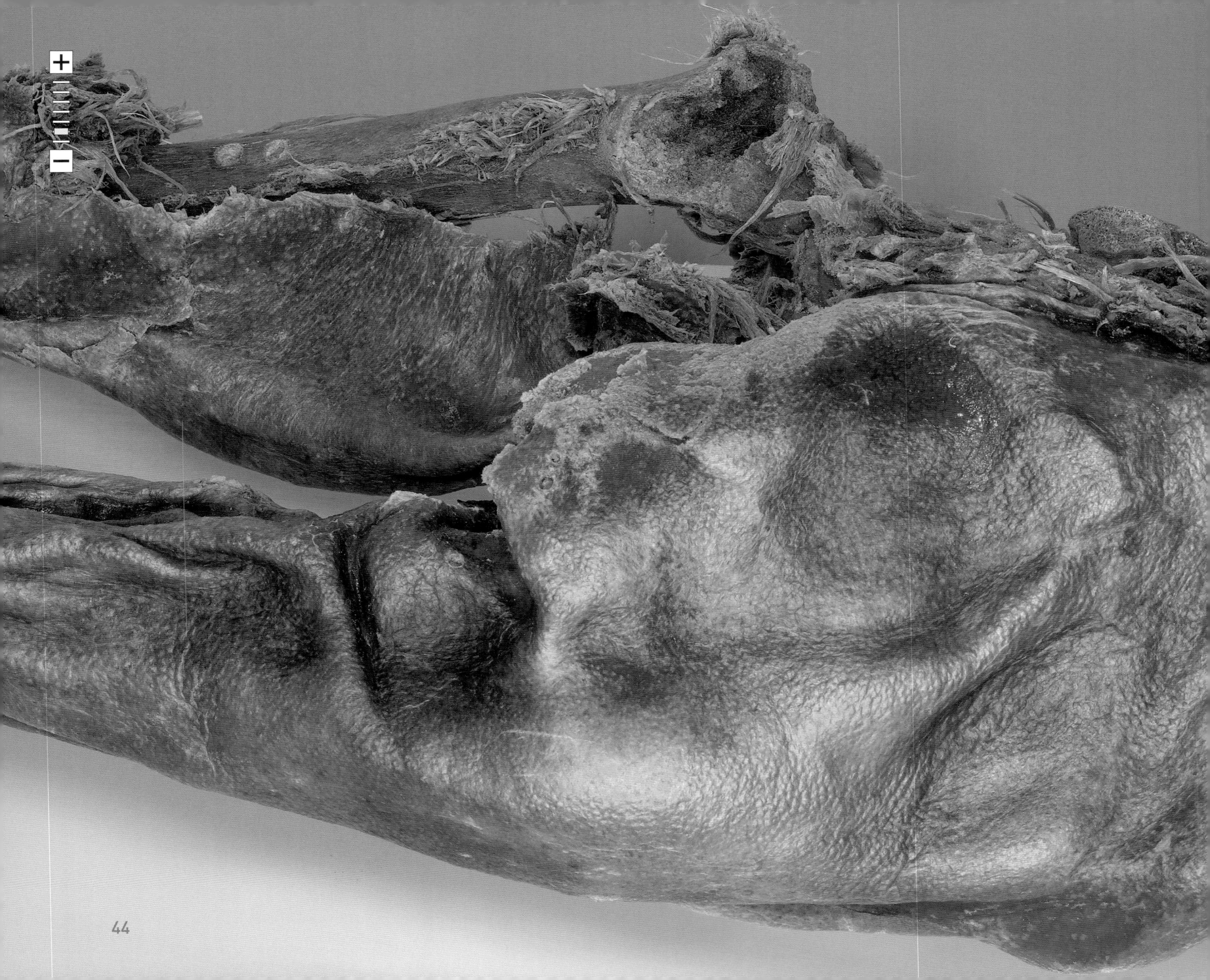

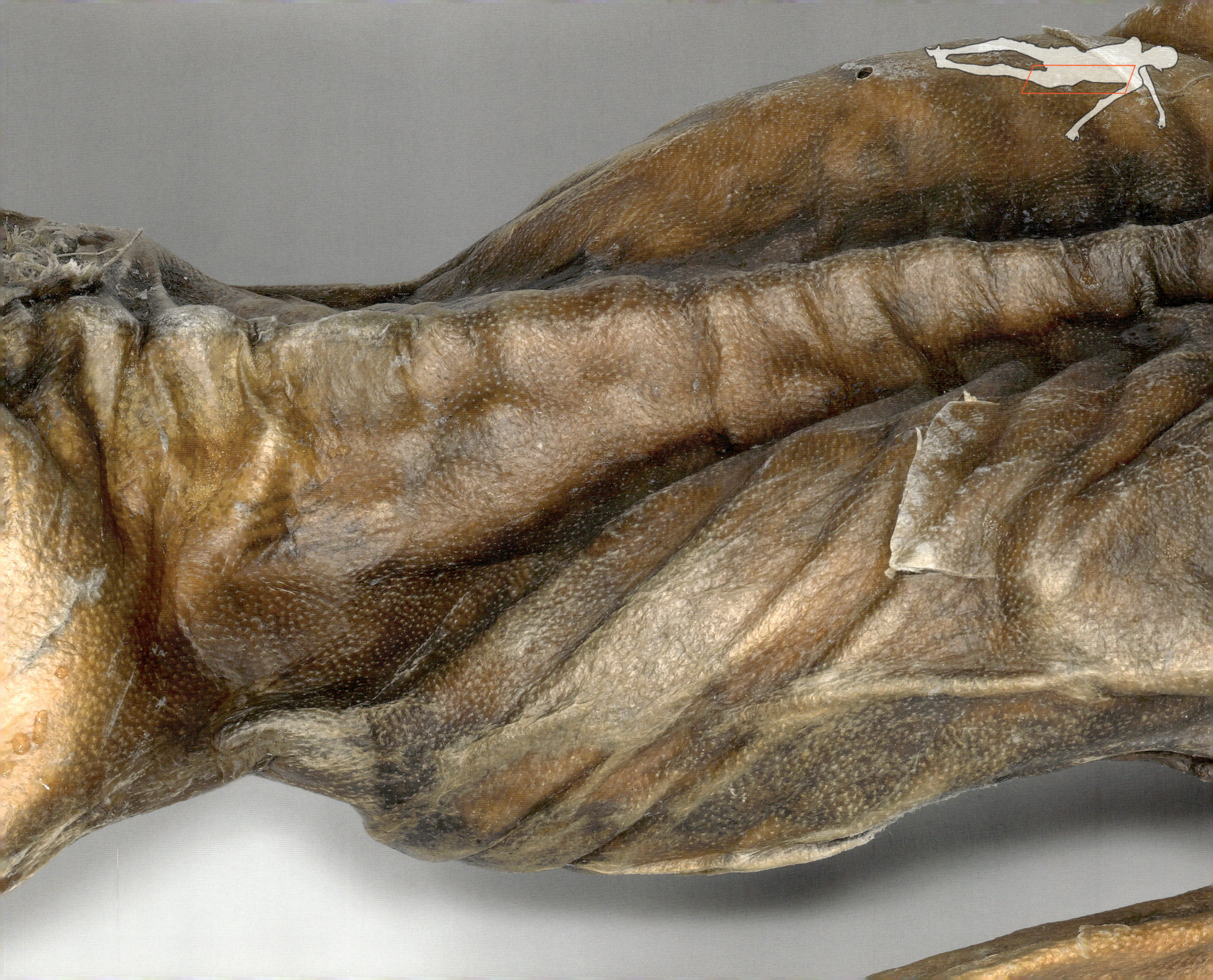

46

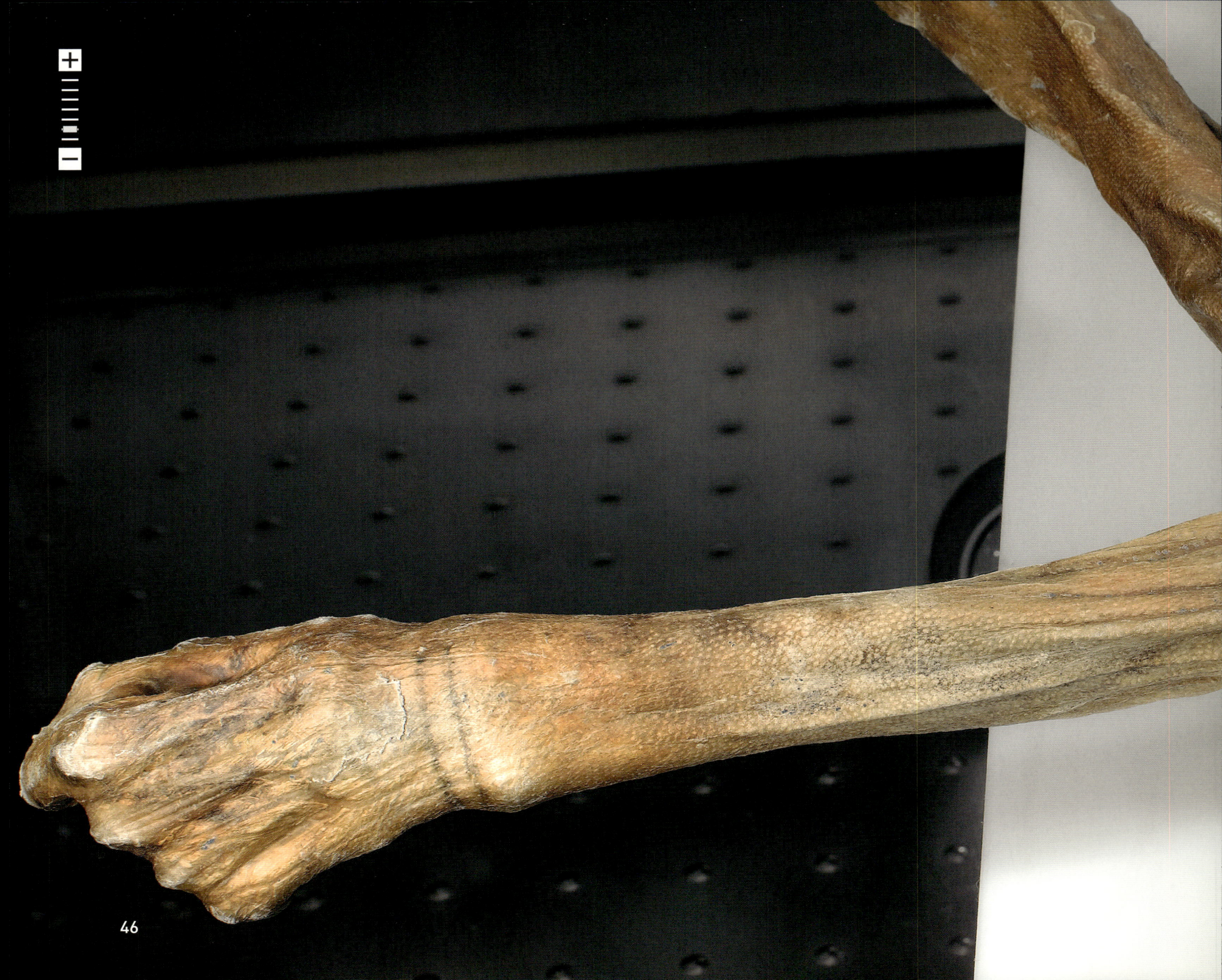

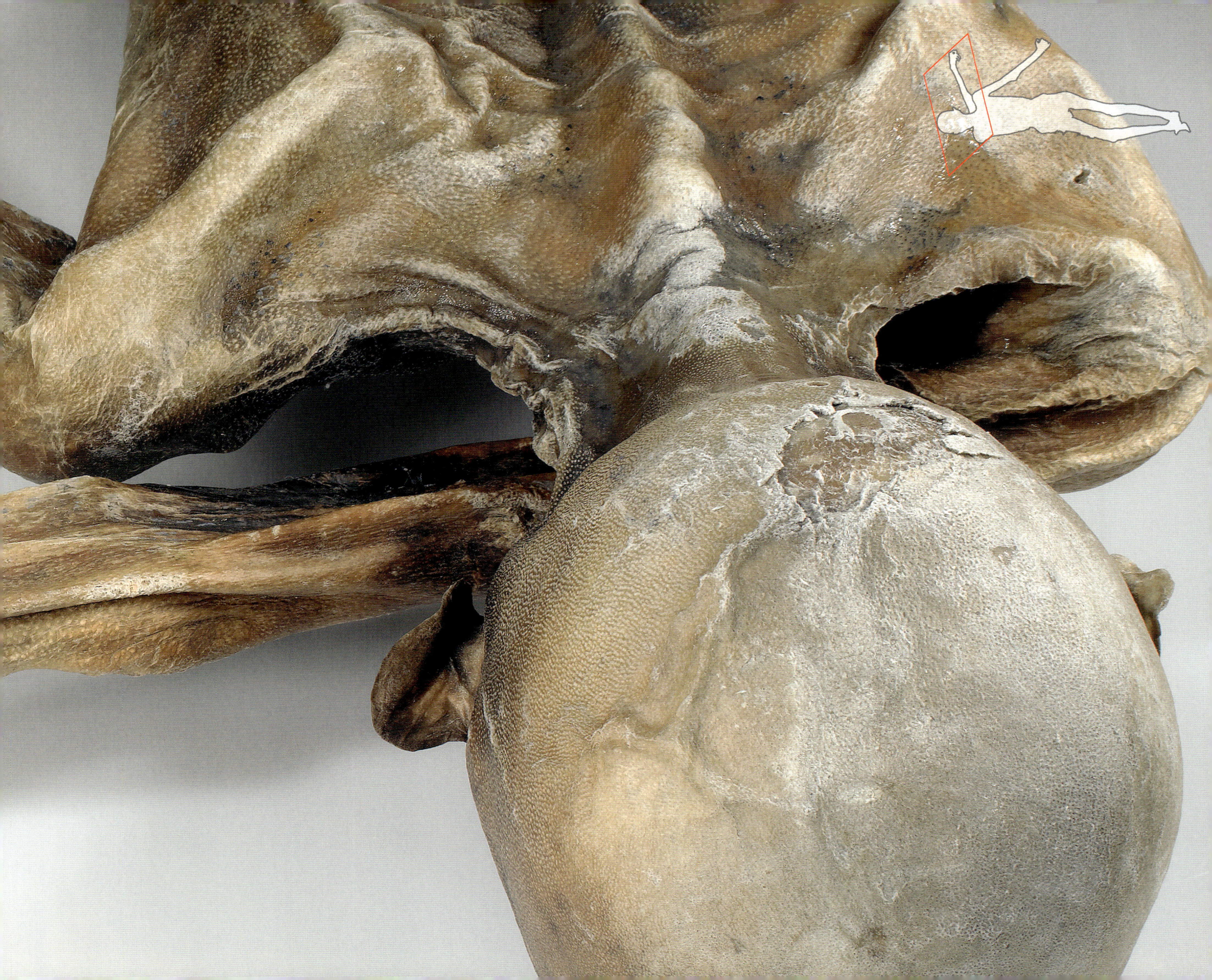

48

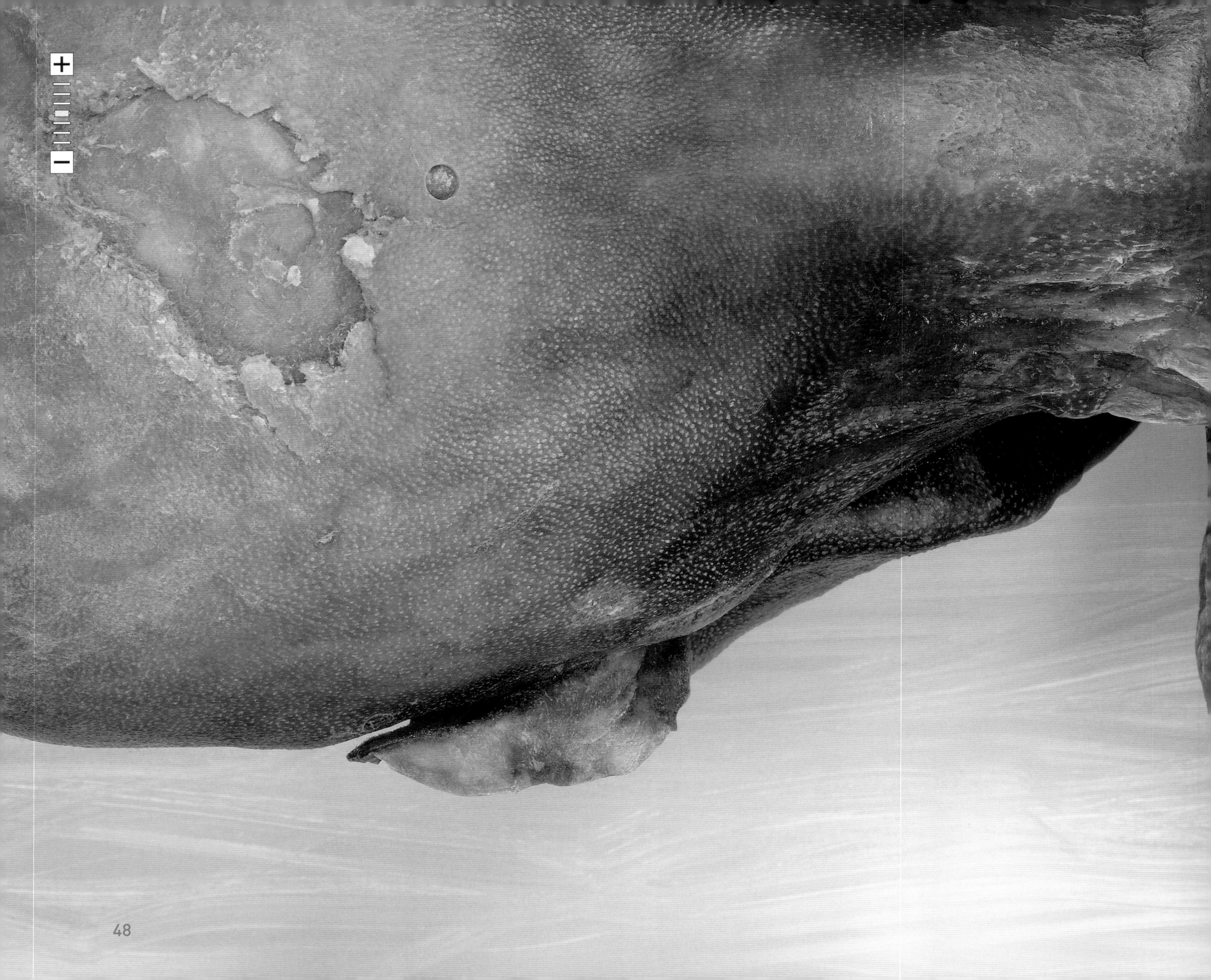

49

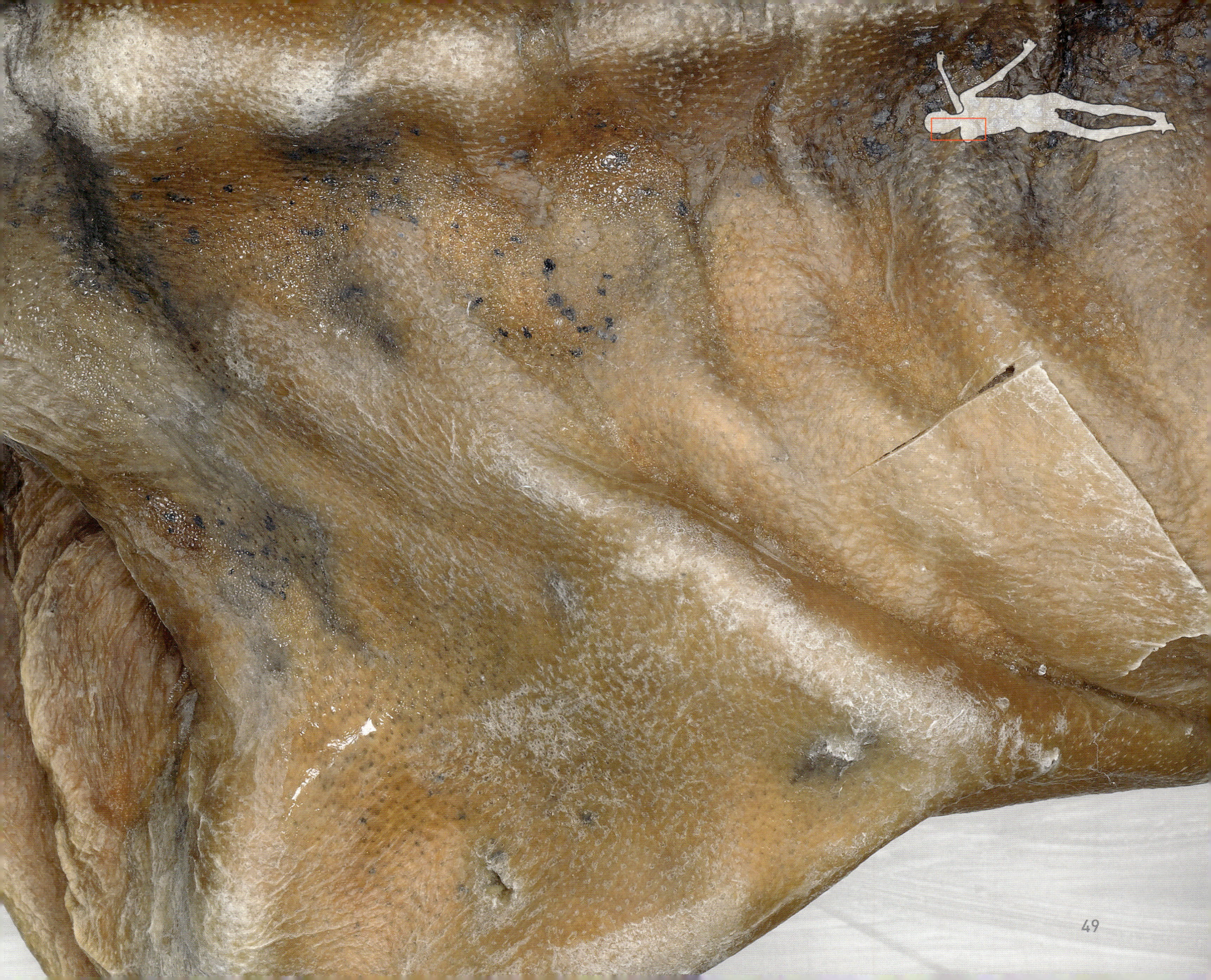

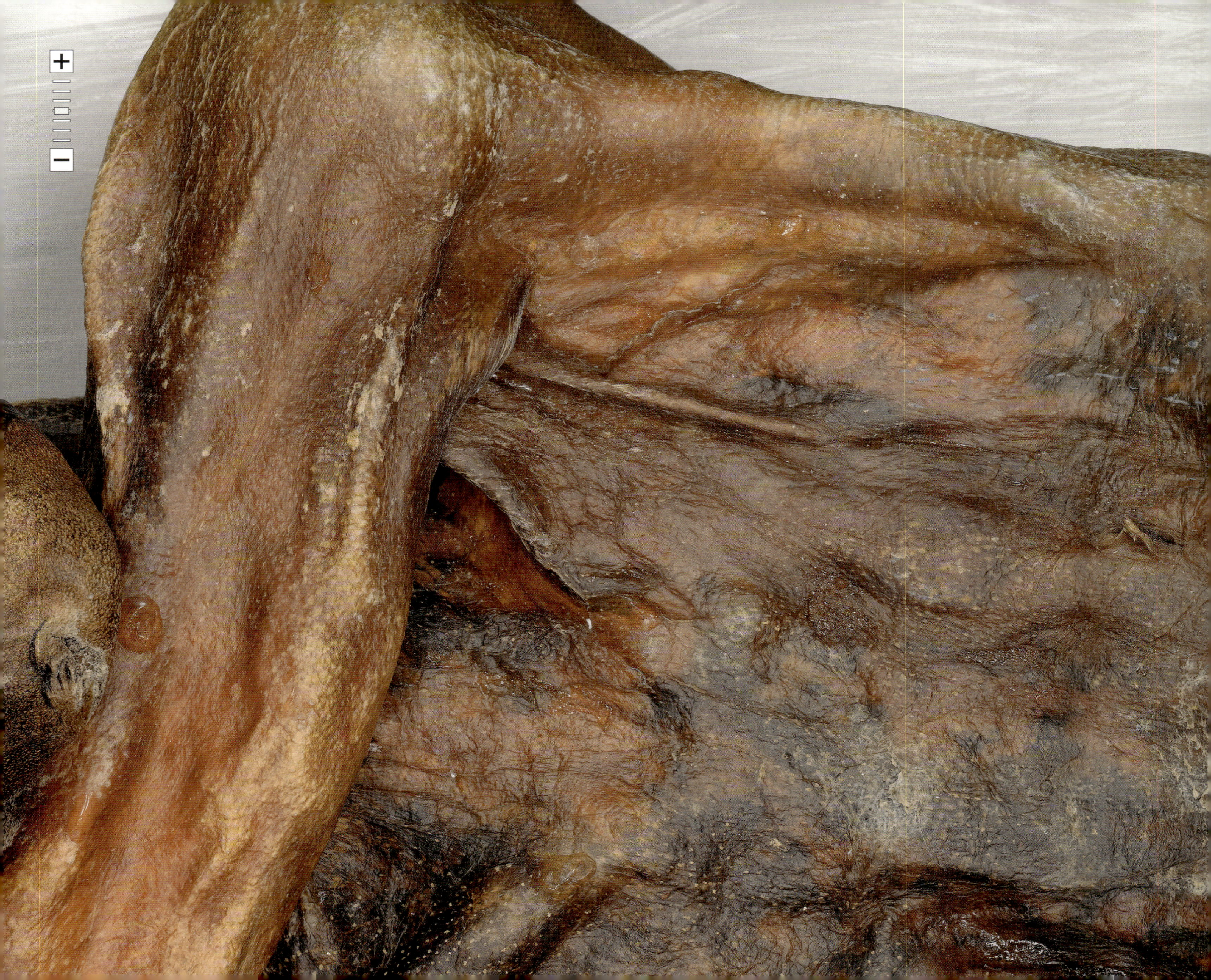

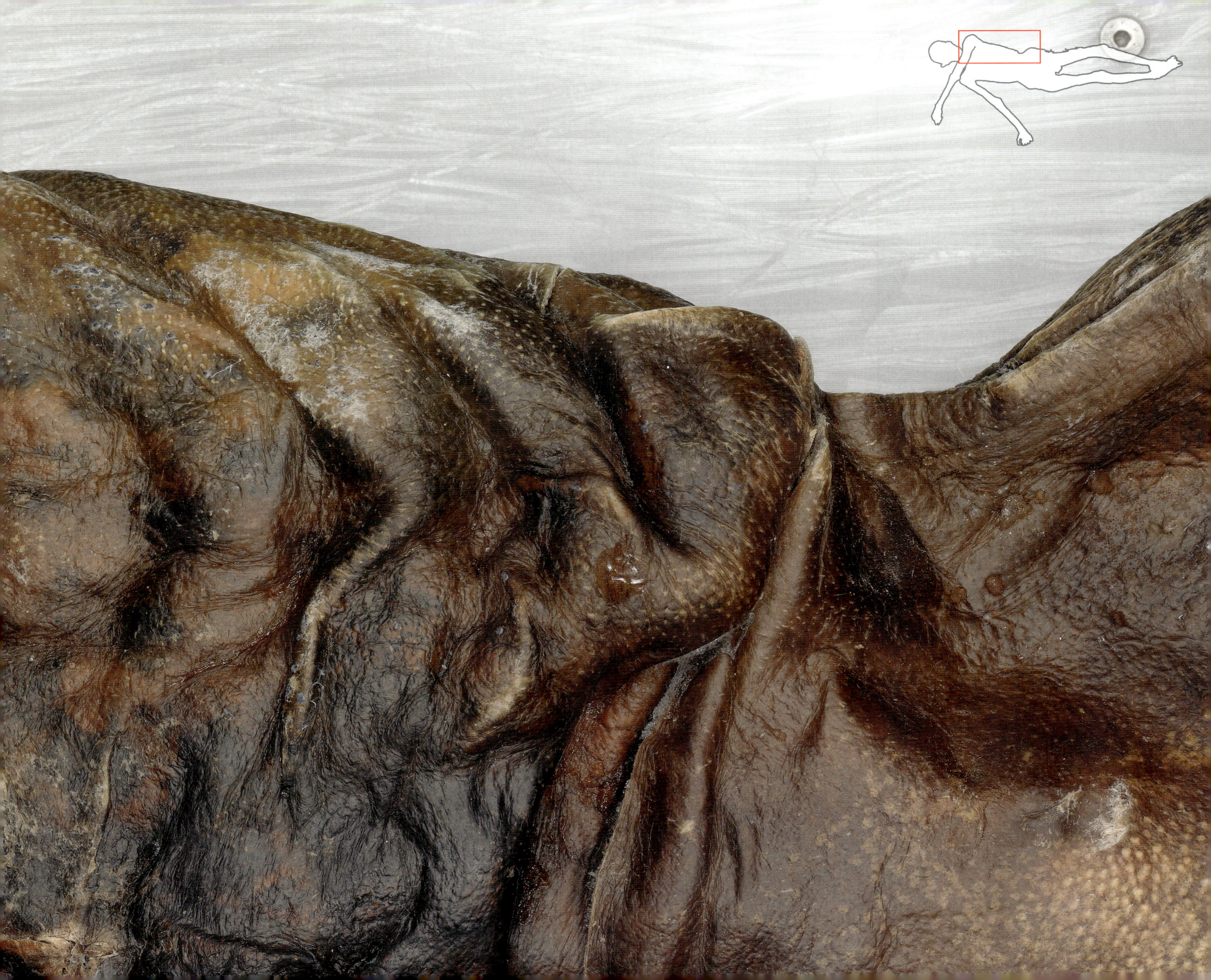

52

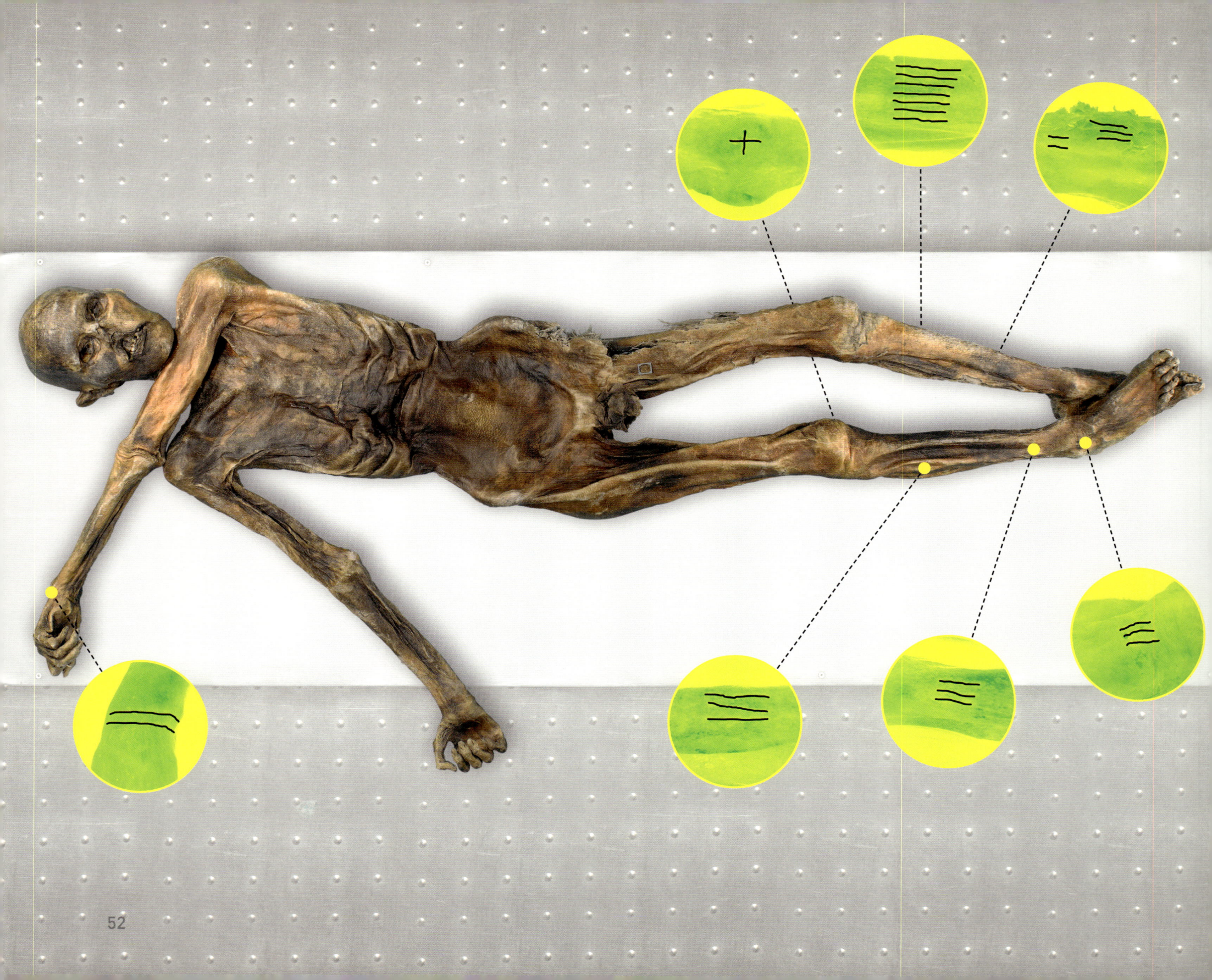

5. The tattoos
I tatuaggi
Die Tätowierungen

More than 50 tattoos have been identified on the mummy's body. These are essentially parallel lines a few centimetres long which do not depict any particular image except for a cross-like figure on the right knee.

The tattooing technique is similar to the one modern version: slight incisions on the skin, into which a compound of vegetal coal is rubbed. This technique is currently used by certain populations in Africa and Asia.

Considering that these tattoos are located on the main joints or areas of the body most subject to stress, it can be postulated that they represent medicinal treatments, such as acupuncture, rather than having any symbolic meaning. Therefore, it can be hypothesised that they represent one of the most ancient therapeutic procedures ever identified. This aesthetic aspect is undeniably significant from an anthropological perspective but it's true meaning has yet to be revealed.

Sul corpo della mummia sono stati osservati oltre 50 tatuaggi. Si tratta essenzialmente di tratti lineari e paralleli della lunghezza di pochi centimetri. Non costituiscono disegni e solo in qualche caso (ginocchio destro) danno origine ad una croce.

La tecnica impiegata è simile a quella moderna, cioè sottili incisioni della pelle su cui viene strofinato un composto a base di carbone vegetale. Questa tecnica è ancora oggi utilizzata da alcune popolazioni dell'Africa e dell'Asia.

Osservando i punti in cui questi si trovano, ovvero in corrispondenza di articolazioni o di zone in cui si concentrano le maggiori sollecitazioni, la natura di questi tatuaggi è ad oggi attribuibile a pratiche mediche, come ad esempio l'agopuntura. Non conterrebbero quindi alcun valore simbolico. Si potrebbe di conseguenza supporre che possa trattarsi di una delle più antiche e comprovate pratiche terapeutiche. Un aspetto estetico molto significativo dal punto di vista antropologico, del quale ad oggi, ancora poco si conosce.

Auf dem Körper der Mumie wurden über 50 Tätowierungen gezählt. Es handelt sich im Wesentlichen um gerade und parallele Linien von wenigen Zentimetern Länge. Sie bilden keine Zeichnungen und nur in wenigen Fällen (rechtes Knie) ist ein Kreuz zu erkennen.

Die verwendete Technik ist ähnlich wie die heutige, d. h. feine Einschnitte in die Haut, auf die eine Pflanzenkohlemischung aufgebracht wird. Diese Technik wird noch heute von einigen Völkern Afrikas und Asiens angewandt.

Die Tätowierungen befinden sich an Gelenken oder Stellen, die den größten Beanspruchungen ausgesetzt waren und ihre Art erinnert an heutige Heilbehandlungen, wie die Akupunktur, und sind vermutlich ohne jeden Symbolwert. Man könnte deshalb annehmen, dass es sich um eine der ältesten nachgewiesenen therapeutischen Behandlungen handelt. Dies verleiht dem „Mann aus dem Eis" ein Ansehen, das vom anthropologischen Gesichtspunkt her höchst bedeutungsvoll ist und das noch weiter zu ergründen bleibt.

Hence, we decided to focus particular attention on this feature, dedicating to it an entire sub-section and the application of a specialized scanning technique.

The principal objective was to create a complete mapping of the tattoos found on the mummy's body, and then create a rapid, easy-to-use procedure for its visualization. The images thus-produced are unique and groundbreaking: an indispensable documentation, which had never been previously undertaken.

To ensure the best possible visualization of the tattoos, we sought advice from Oliver Peschel, Institute of Forensic Medicine, University of Munich. Together we developed a lighting technique based on UV radiation so as to highlight certain features of the tattoos which would otherwise not be visible to the naked eye.

Per questo motivo abbiamo scelto di riservare a questo elemento un'attenzione particolare dedicandogli un intero capitolo di studio e una tecnica di rilevamento specifica.

Lo scopo finale era quello di realizzare una mappatura completa di tutti i tatuaggi presenti sul corpo della mummia creando successivamente la possibilità di visionarla in maniera semplice, veloce ed intuitiva. Una documentazione indispensabile, che mai era stata affrontata fino a questo momento.

Per ottenere il massimo della possibilità di visione, ci siamo avvalsi della consulenza di Oliver Peschel dell' Istituto di Medicina Legale dell'Università di Monaco, con il quale abbiamo impiegato una tecnica di illuminazione che utilizza le radiazioni del campo dei raggi ultravioletti (UV) per mettere in evidenza alcune caratteristiche del tratto del tatuaggio, che altrimenti non sarebbero visibili ad occhio nudo.

Aus diesem Grund haben wir uns der Tätowierungen mit besonderer Sorgfalt angenommen und ihnen ein ganzes Kapitel gewidmet, für das wir eine spezielle Aufnahmetechnik eingesetzt haben.

Das wichtigste Ziel war also die Anfertigung eines kompletten Mappings aller Tätowierungen auf dem Körper der Mumie, um danach die Möglichkeit zu einer einfachen, schnellen und intuitiven Betrachtung zu bieten. Dafür war diese Dokumentation, die bisher einmalig ist, unverzichtbar.

Um den größten Nutzen aus der Betrachtung der Bilder zu ziehen, haben wir uns der Beratung durch Oliver Peschel vom gerichtsmedizinischen Institut der Universität München bedient, mit dem wir eine Beleuchtungstechnik angewandt haben, die die Strahlungen des Ultraviolett-Spektrums nutzt, wodurch einige Charakteristiken der Tätowierungen hervorgehoben werden konnten, die sonst mit bloßem Auge nicht sichtbar wären.

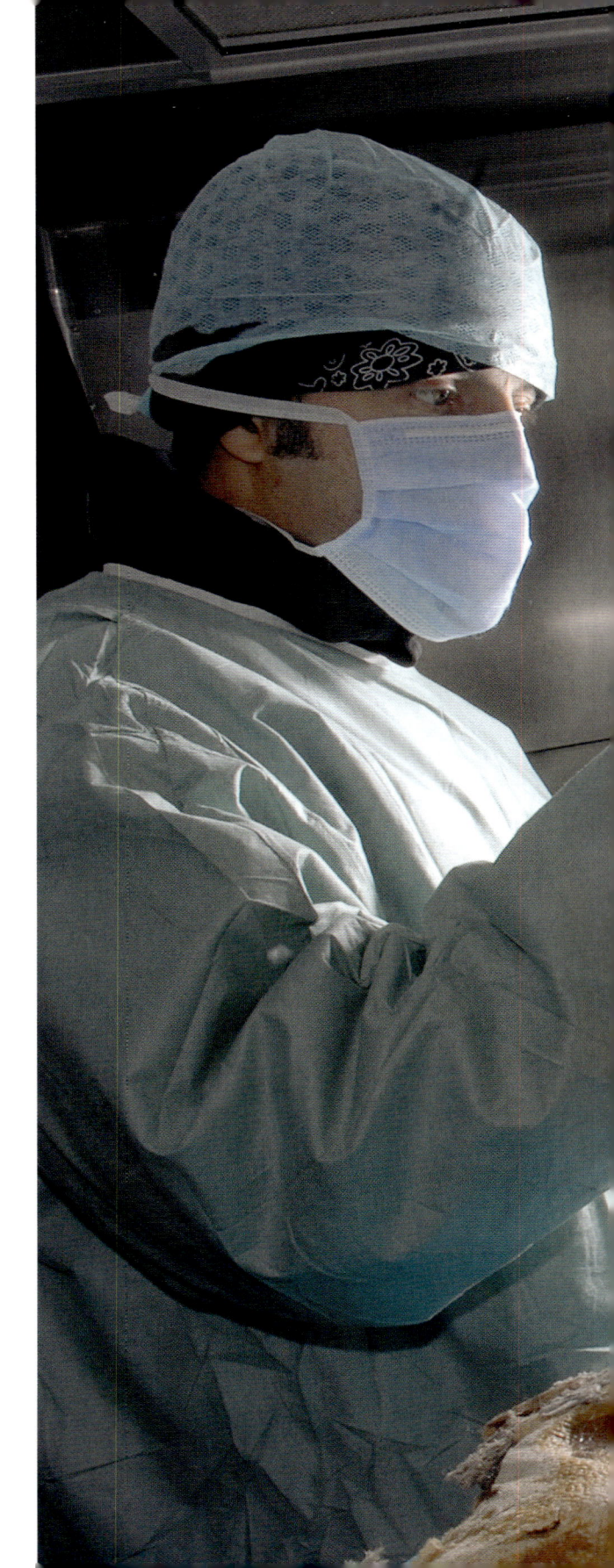

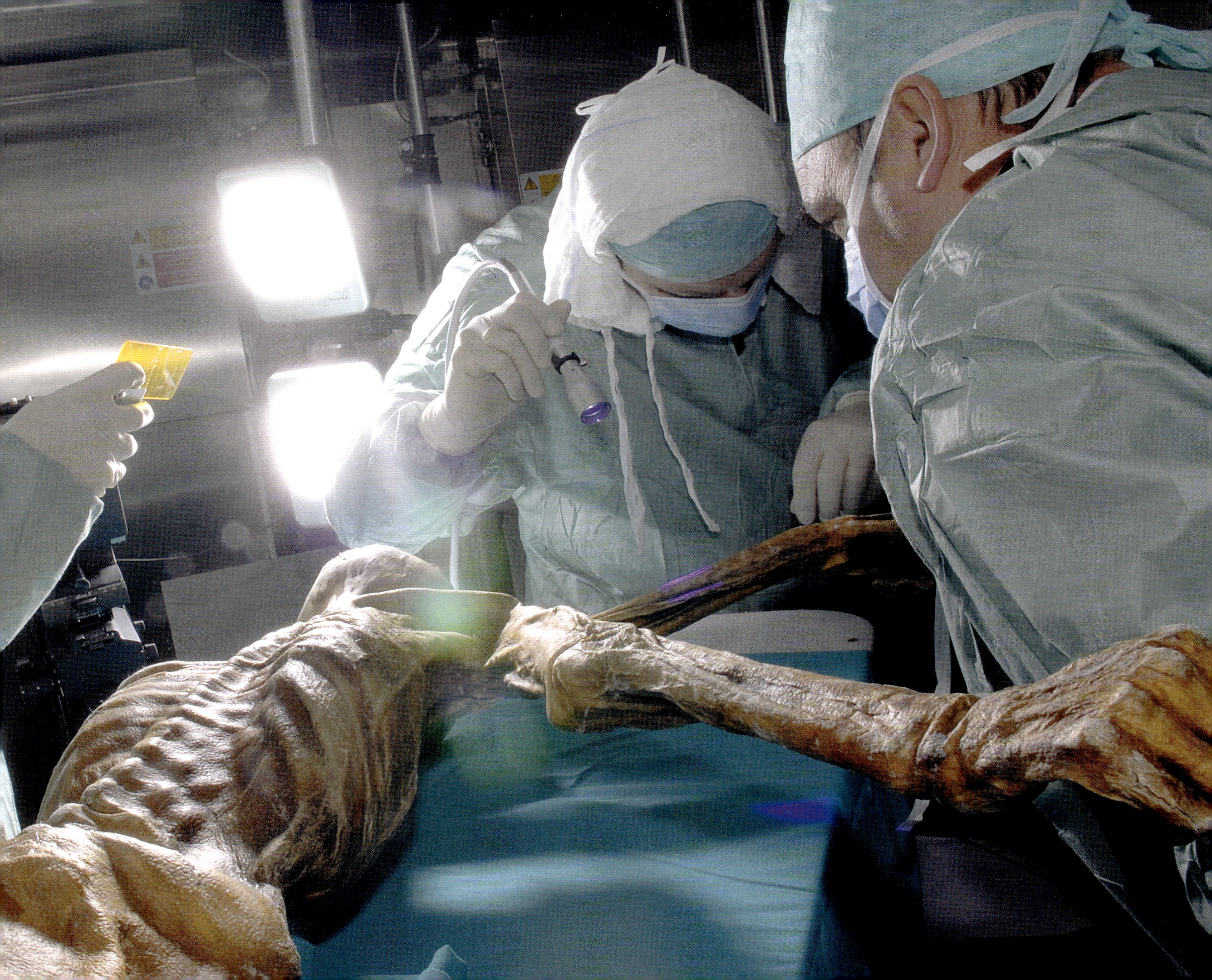

Visible spectrum

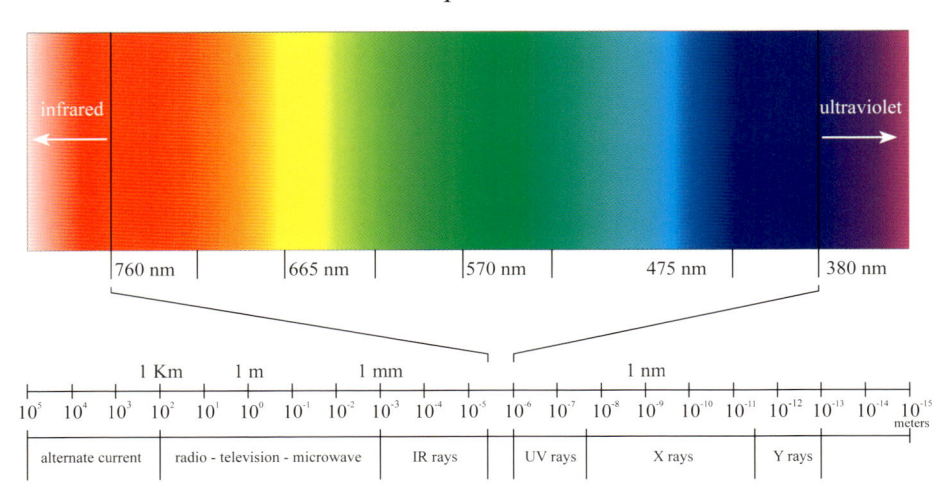

Diagram of radiation spectrum visible to the human eye.
Diagramma dello spettro delle radiazioni visibili all'occhio umano.
Diagramm des Spektrums der für das menschliche Auge sichtbaren Strahlen.

The equipment used is composed of a variable spectrum lamp, which allows the selection of electromagnetic frequencies near the UV region of the spectrum, along with the use of coloured filters fitted on the lens. The Superlite 400 model made by LUMATEC was chosen for the job. After some testing, we identified the most efficient frequency at 415 nm coupled with an orange filter.

The final result is a clear contrast image of each tattoo recorded with two differing light sources: that from the visible spectrum (white light) and that from the invisible spectrum (UV).

L'apparecchiatura impiegata è sostanzialmente costituita da una lampada a spettro variabile che permette di selezionare le frequenze elettromagnetiche vicine ai raggi ultravioletti e da filtri di contrasto per la visione da porre davanti all'obiettivo. Nel nostro caso abbiamo impiegato il modello Superlite 400, della ditta LUMATEC. Dopo alcune prove abbiamo individuato come più efficace la frequenza di 415 nm in abbinamento con un filtro di contrasto color arancione.

Il risultato finale è costituito da una chiara contrapposizione di ogni singola immagine del tatuaggio illuminata con due diverse fonti di luce: quella dello spettro del visibile (bianca) e quella dell'invisibile (UV).

Es handelt sich im Wesentlichen um ein Gerät, bestehend aus einer Lampe mit variablem Spektrum, mit der die elektromagnetischen Strahlen in der Nähe der ultravioletten Frequenzen gewählt werden konnten, und aus vor dem Objektiv einzusetzenden Kontrastfiltern für die Betrachtung. Wir haben das Modell Superlite 400 der Firma LUMATEC gewählt. Nach einigen Versuchen schien uns die Frequenz 415 nm zusammen mit einem orangefarbenen Kontrastfilter am besten geeignet.

Das Ergebnis sind zwei deutlich unterschiedliche Bilder jeder einzelnen Aufnahme der Tätowierungen, die mit zwei verschiedenen Lichtquellen beleuchtet wurde: mit sichtbarem Spektrum (weiß) und unsichtbarem Spektrum (UV).

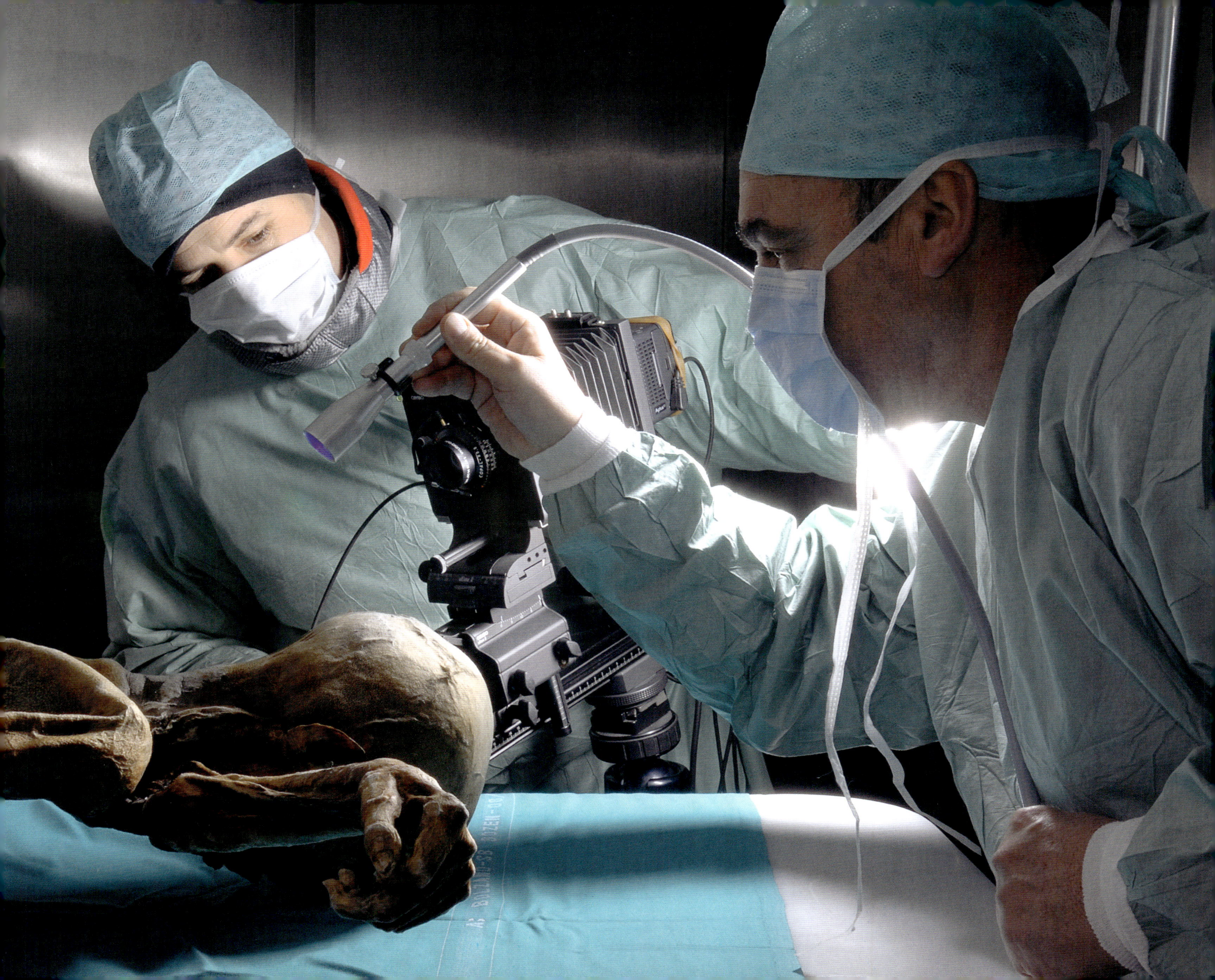

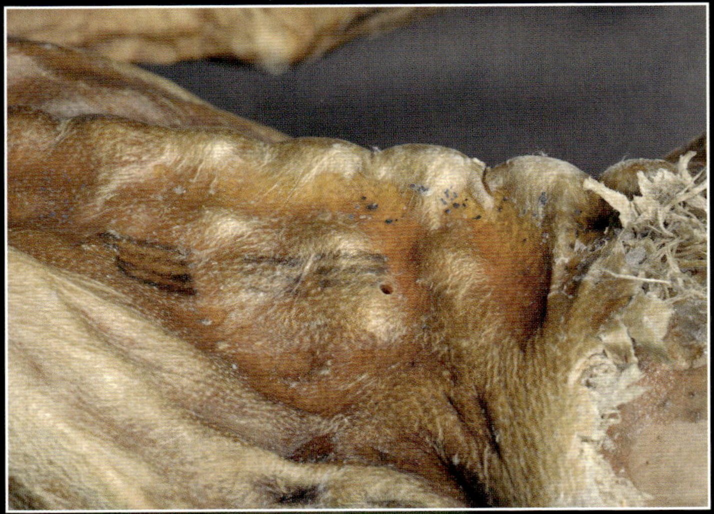
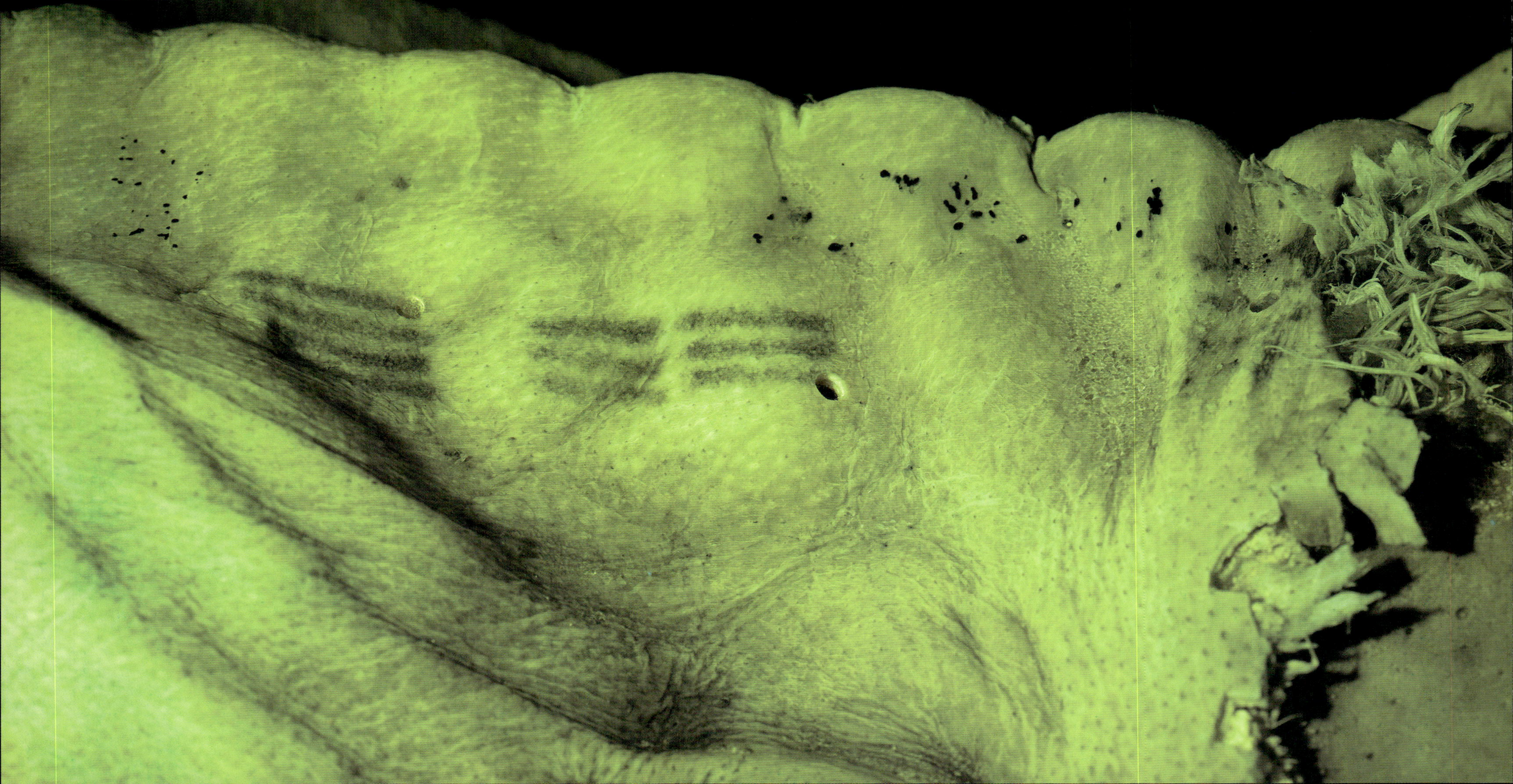
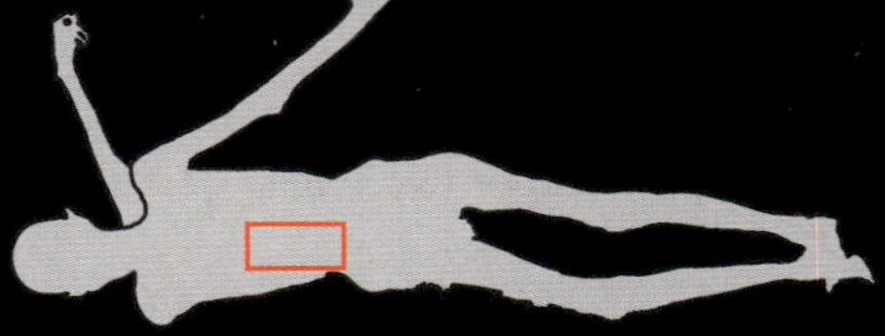

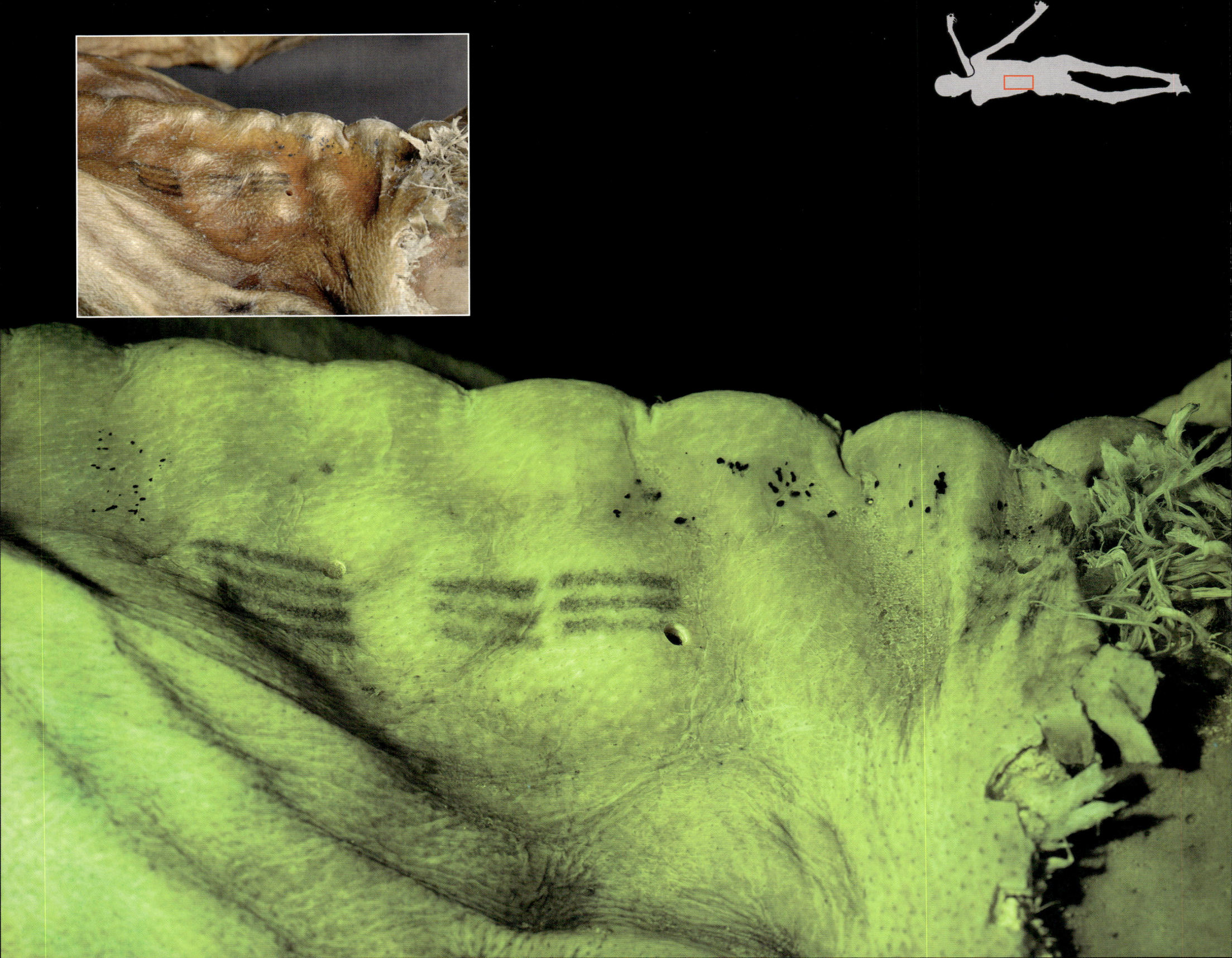

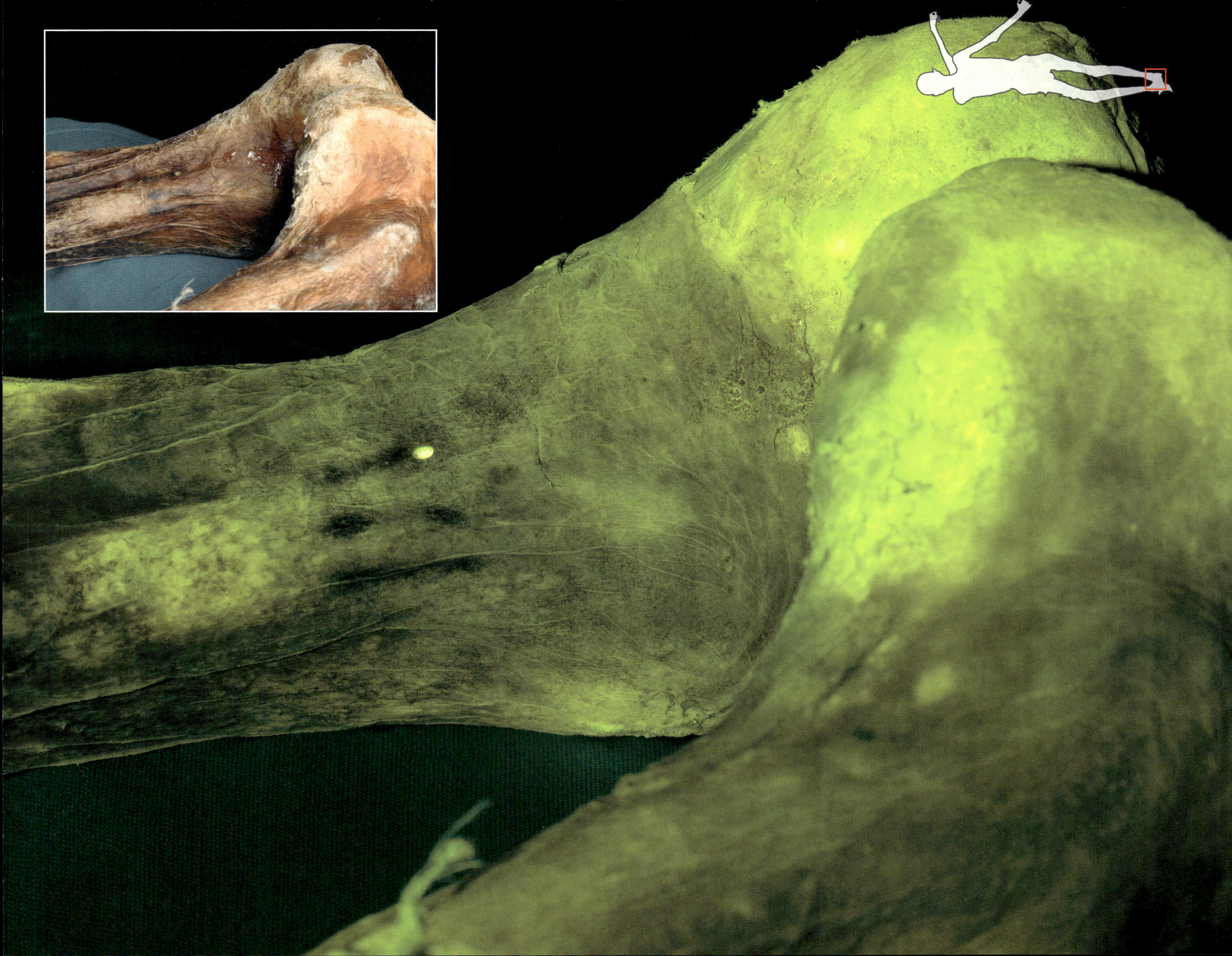

60

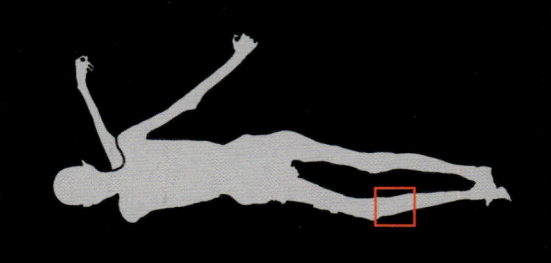

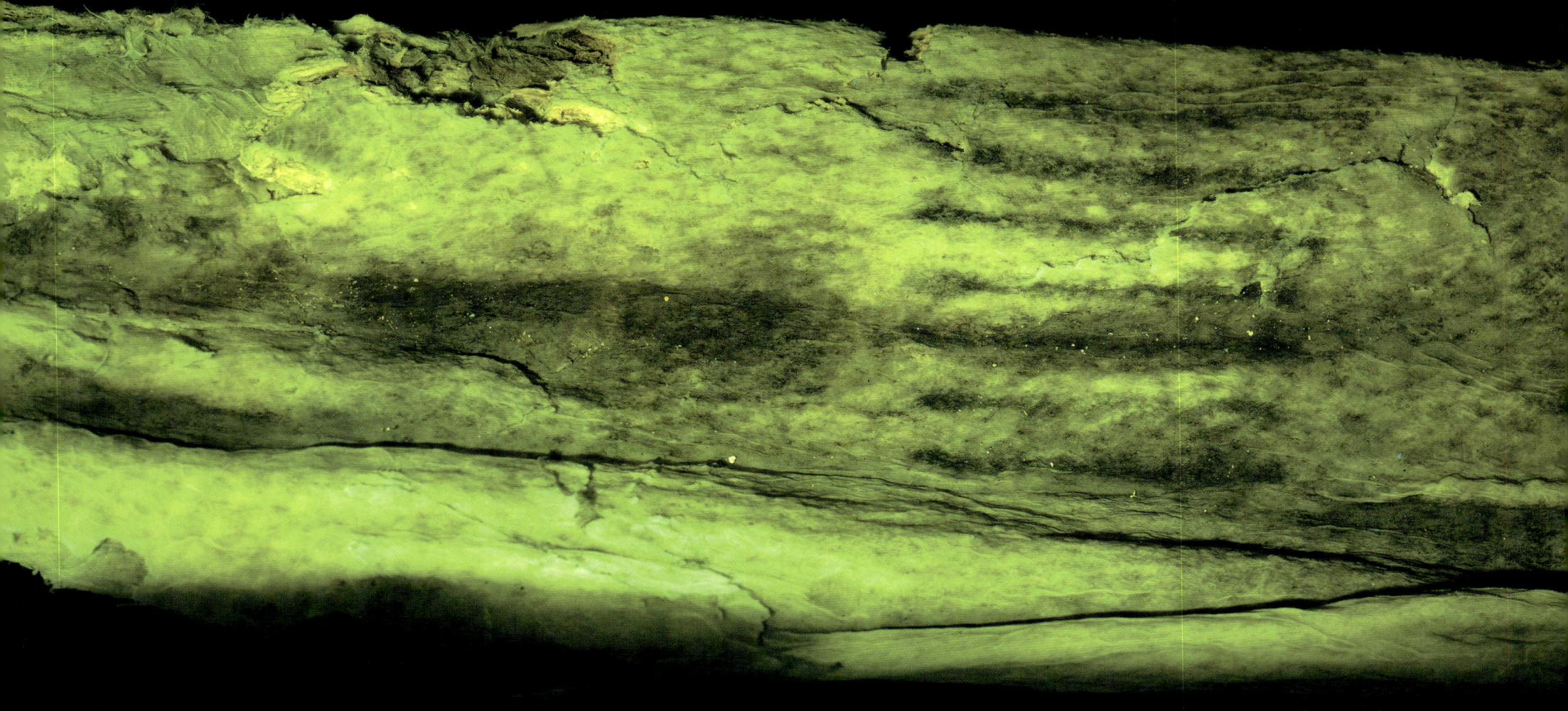

61

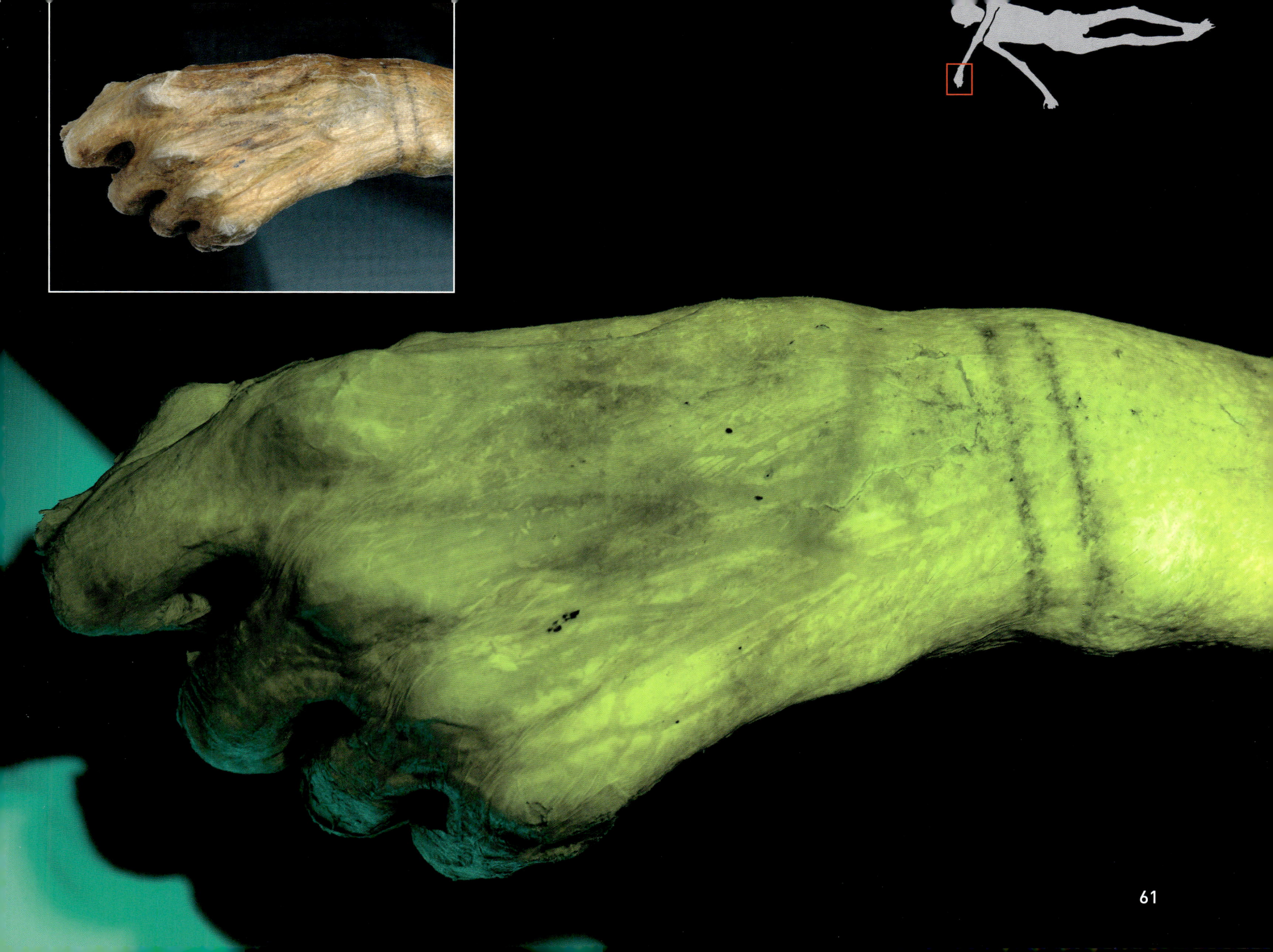

6. The third dimension
La terza dimensione
Die dritte Dimension

One of the greatest desires of artists throughout the ages has been to reproduce objects and nature in the most accurate way in order to transmit an immediate and tangible meaning. Over the course of history, painters, sculptors, architects and photographers have studied and developed techniques aimed at recreating depth of space in their work – first by perspective reconstruction, applied during the Italian Renaissance by Masaccio, Donatello and Brunelleschi, and then by means of 3D-effect photography, with the first studies on anaglyphs conducted in 1800.

My decision to create 3D depictions of the Iceman's body was motivated by the desire to give the world an opportunity to view and study the mummy, and by the wish to add an original artistic touch to what is essentially a scientific and technical work. Anyone can now observe and better understand this historic find and almost, almost bring The Iceman back to life.

Uno dei più grandi desideri degli artisti di ogni tempo è sempre stato quello di cercare di riprodurre la visone della realtà delle cose e della natura nel modo più fedele possibile, per poterla quindi associare ad un significato immediato e tangibile. Pittori, scultori, architetti e fotografi per molto tempo hanno studiato e sviluppato tecniche mirate a ricreare la profondità dello spazio nelle loro opere, prima attraverso la ricostruzione prospettica, razionalizzata già durante il Rinascimento italiano ad opera di Masaccio, Donatello e Brunelleschi, ed in seguito attraverso la fotografia ad effetto tridimensionale, con i primi studi sugli anaglifi del 1800.

Per me la scelta di realizzare fotografie tridimensionali del corpo dell'Iceman, significava sia darne un'ulteriore possibilità di visione e conoscenza all'osservatore, sia poter attribuire ad un lavoro così prettamente tecnico e scientifico un tocco di originalità artistica, che pone la fruizione e la comprensione del reperto storico alla portata di chiunque, eludendo la premessa che si tratti di un cadavere.

Die Künstler aller Zeiten haben immer danach getrachtet, die Wirklichkeit der Dinge und der Natur so getreu wie möglich abzubilden, damit sie mit einer mittelbaren und konkreten Bedeutung in Verbindung gebracht werden konnte. Maler, Bildhauer, Architekten und Fotografen haben lange Zeit Techniken studiert und entwickelt, mit denen die Raumtiefe in ihren Werken wiedergegeben werden konnte: zuerst mit Hilfe der perspektivischen Rekonstruktion, die schon während der italienischen Renaissance von Masaccio, Donatello und Brunelleschi konsequent angewandt wurde, und danach mit der dreidimensionalen Fotografie, mit den ersten Studien der Anaglyphen im 19. Jahrhundert.

Für mich bedeutete die Entscheidung, dreidimensionale Fotos des Körpers der Mumie anzufertigen, dem Betrachter nähere Einzelheiten zu erschließen, aber auch, einer höchst technischen und wissenschaftlichen Arbeit einen Hauch künstlerische Originalität zu verleihen, die die Nutzung und das Verständnis des historischen Fundes jedermann zugänglich macht, wobei die Tatsache außer acht gelassen wird, dass es sich um einen Leichnam handelt.

63

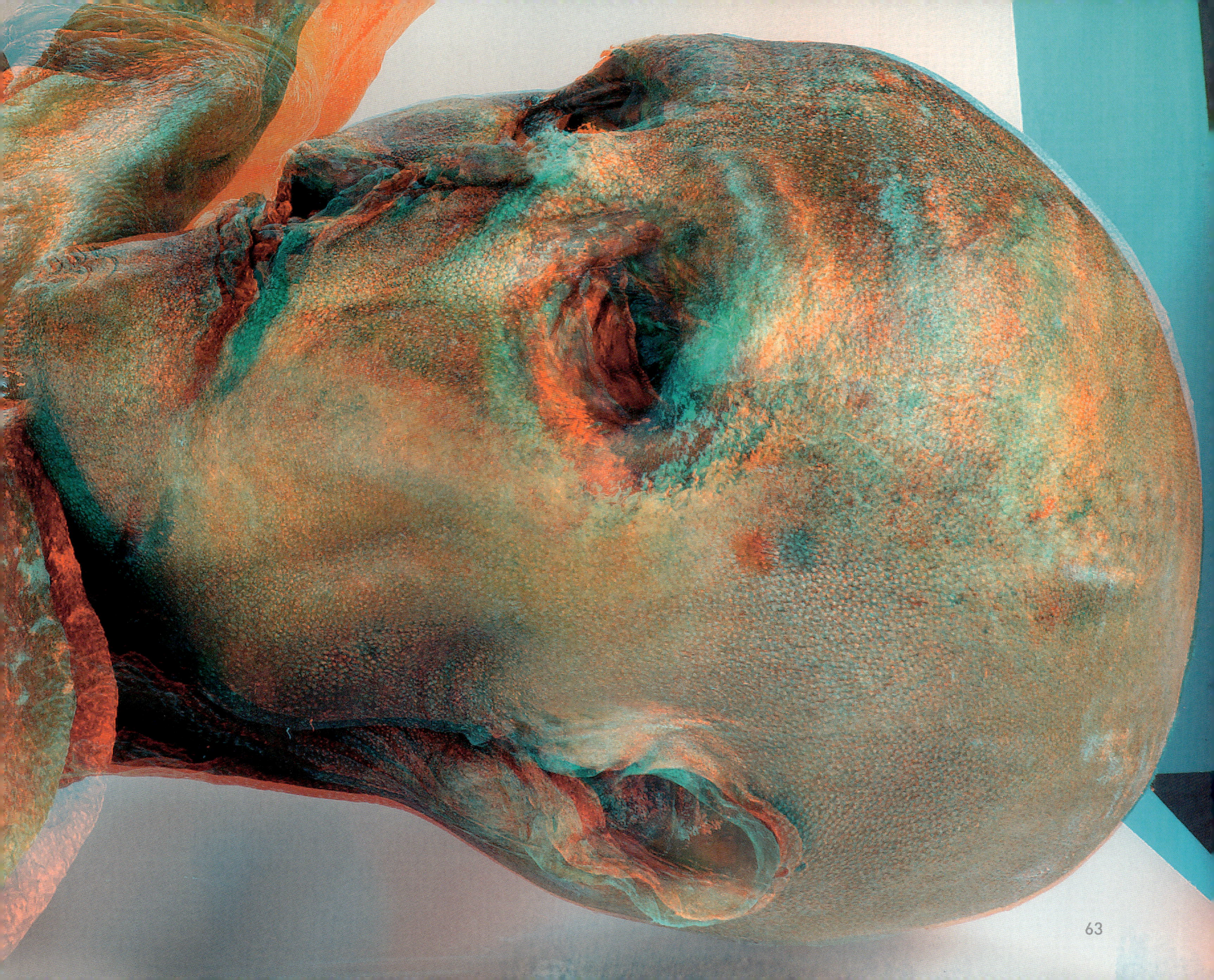

Stereo or stereoscopic photography was developed by Wheatstone in 1838 almost at the same time as the invention of traditional photography; in 1891 Louis Arthur Ducos du Hauron created a method for obtaining stereoscopic images printed on a single support (anaglyph). In 1895 the Lumière brothers, Auguste and Louis, studied and improved this technique by realizing animated anaglyphs which, observed through specific reading glasses, created a 3D effect in the cinema.

To create a 3D image, two 2D images, which are similar but not identical, are required.

La fotografia stereo o stereoscopia fu ideata da Wheatstone nel 1838 quasi contemporaneamente alla fotografia tradizionale; nel 1891 Louis Arthur Ducos du Hauron propose un metodo per ottenere immagini stereoscopiche stampate su un unico supporto (anaglifi). I fratelli Auguste e Louis Lumière, nel 1895, studiarono e perfezionarono questa tecnica realizzando degli anaglifi animati che, osservati con appositi occhiali, creavano nel cinema l'effetto tridimensionale.

Per creare un'immagine 3D abbiamo bisogno di due immagini in 2D, che siano simili ma non uguali.

Die Stereofotografie wurde 1838 von Wheatstone fast gleichzeitig mit der herkömmlichen Fotografie erfunden; 1891 fand Louis Arthur Ducos du Hauron eine Methode, um auf einem einzigen Träger gedruckte stereoskopische Bilder zu erhalten (Anaglyphen). Die Brüder Auguste und Louis Lumière studierten und vervollkommneten 1895 diese Technik mit bewegten Anaglyphen, die bei der Betrachtung mit der entsprechenden Brille im Kino einen dreidimensionalen Effekt erzeugte.

Für ein 3D-Bild brauchen wir zwei 2D-Bilder, die ähnlich, aber nicht gleich sind.

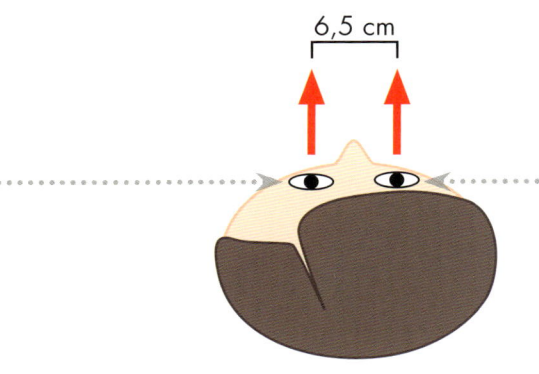

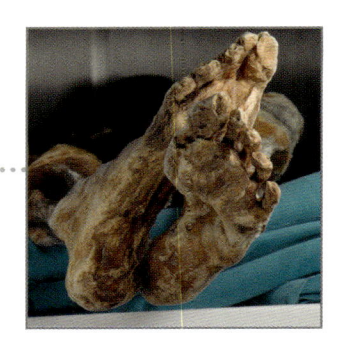

The human being has the particular characteristic of having of two eyes with the same (frontal) plane of vision, at a distance of about 6.5cm (interpupillary distance), which allows the perception of two different, though very similar, images: one captured by the right eye, and the other one by the left eye. The brain, then, "melds" these two images together into a single 3D image. Therefore, the human can estimate the 3D form and the distance of the objects he sees.

L'essere umano ha la peculiare caratteristica di essere provvisto di due occhi posti sullo stesso piano di visione (frontale), distanziati di circa 6,5 cm (distanza interpupillare); questo gli permette di acquisire in ogni momento due immagini differenti anche se simili: una catturata dall'occhio sinistro e l'altra dal destro, lasciando poi al cervello il compito di "fondere" le due immagini ricreando una singola immagine tridimensionale. Ciò gli permette di misurare il volume e di valutare la distanza degli oggetti che osserva.

Unsere Augen liegen auf der gleichen Ebene (frontal) in ca. 6,5 cm Abstand (Pupillenabstand), wodurch der Mensch jederzeit in der Lage ist, zwei unterschiedliche, wenn auch ähnliche Bilder aufzunehmen: Ein Bild sieht er mit dem linken Auge und das andere mit dem rechten, wobei das Gehirn dann die beiden Bilder zusammensetzt und daraus ein einziges dreidimensionales Bild entsteht. Dadurch ist der Mensch in der Lage, die Raumtiefe wahrzunehmen und die Entfernung der Gegenstände, die er betrachtet, abzuschätzen.

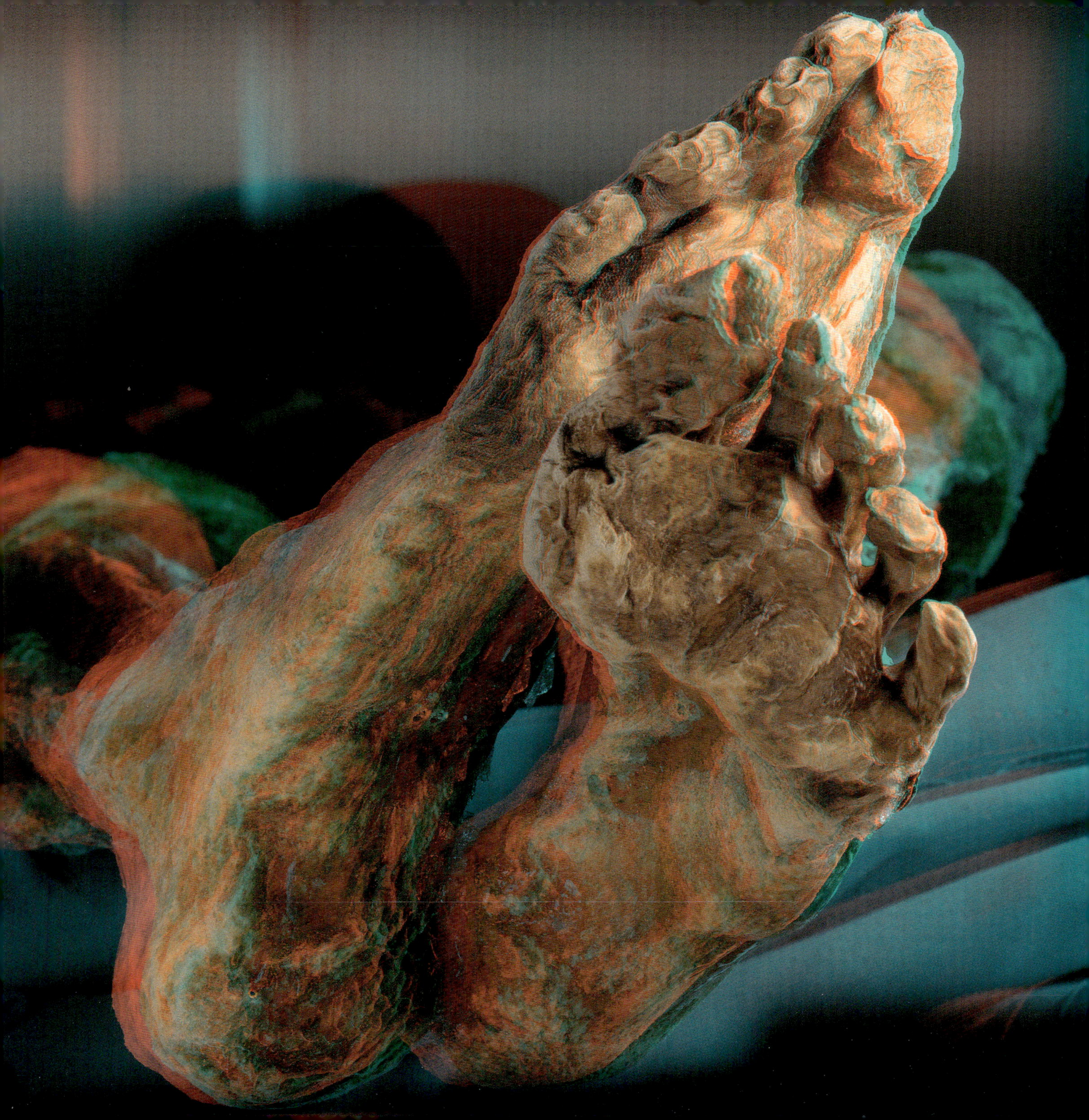

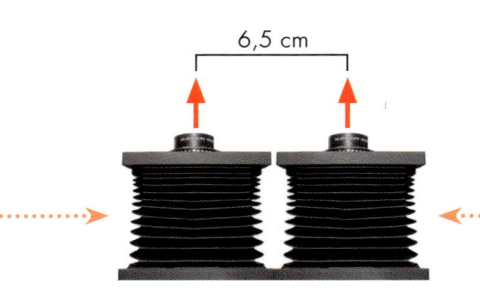

On the basis of this principle it is necessary to supply our brain with two, 2D accurate images in order to artificially create a single 3D image.

From a technical perspective, we had to recreate the same conditions as those of our eyes in nature: two cameras placed on the same visual plane, at the same height, separated by a distance of 6.5cm (interpupillary distance).

The 3D effect is obtained by overlapping the images shot, by vertically centring them and by applying specific software which determines the virtual vantage point; it then attributes, by convention, the image with predominant cyan colour to the right eye, and that with red colour to the left eye. To obtain the desired effect, these pictures must be observed wearing the apposite anaglyph glasses with cyan-red lenses.

Many of 3D shots effected on the mummy's body create the sensation of close virtual contact. Obviously, I selected the most representative and striking views.

Enjoy the show!

Secondo questo principio, per produrre artificialmente delle immagini 3D, è sufficiente fornire al nostro cervello due fotografie, due immagini bidimensionali opportunamente preparate.

A livello tecnico dovremmo semplicemente ricreare le stesse condizioni che si verificano in natura con i nostri occhi: due macchine fotografiche posizionate sullo stesso piano, alla stessa altezza e distanziate tra loro di 6,5 cm (distanza interpupillare).

Sovrapponendo le immagini così ottenute, centrandole verticalmente e utilizzando un apposito software che ne discrimina la provenienza affidando, per convenzione, la dominante di colore ciano all'immagine relativa all'occhio destro e quella di colore rosso al sinistro, si otterrà l'effetto tridimensionale. Perché queste fotografie offrano il risultato desiderato è indispensabile, per la loro visone, l'utilizzo di appositi occhiali per anaglifo con lenti ciano-rosso.

Sul corpo della mummia sono state eseguite diverse riprese in 3D che offrono la possibilità di un incontro virtuale ravvicinato. Ovviamente ho cercato i punti di vista più rappresentativi e di maggior effetto.

Buona visione.

Um künstlich 3D-Bilder zu erzeugen, reicht es also, unserem Gehirn zwei Fotos, zwei entsprechend präparierte zweidimensionale Bilder, anzubieten.

Wir bräuchten nur die gleichen technischen Bedingungen nachzubilden, die für unsere Augen in der Natur gelten: zwei Kameras auf der gleichen Ebene, der gleichen Höhe und in 6,5 cm Abstand (Pupillenabstand).

Werden die beiden so erzeugten Bilder vertikal zentriert übereinandergelegt und eine entsprechende Software eingesetzt, die deren Herkunft erkennt und konventionsweise die Primärfarbe Cyan dem Bild für das rechte Auge und die Farbe Rot dem für das linke Auge zuordnet, erhält man den dreidimensionalen Effekt. Diese Fotos kommen nur dann zur Geltung, wenn man sie mit einer speziellen Anaglyphen-Brille (Cyan-Rot) anschaut.

Vom Körper der Mumie wurden verschiedene 3D-Aufnahmen angefertigt, die die Möglichkeit einer virtuellen Begegnung aus nächster Nähe bieten. Natürlich habe ich mich auf die aufschlussreichsten und eindrucksvollsten Stellen konzentriert.

Viel Spaß beim Ansehen.

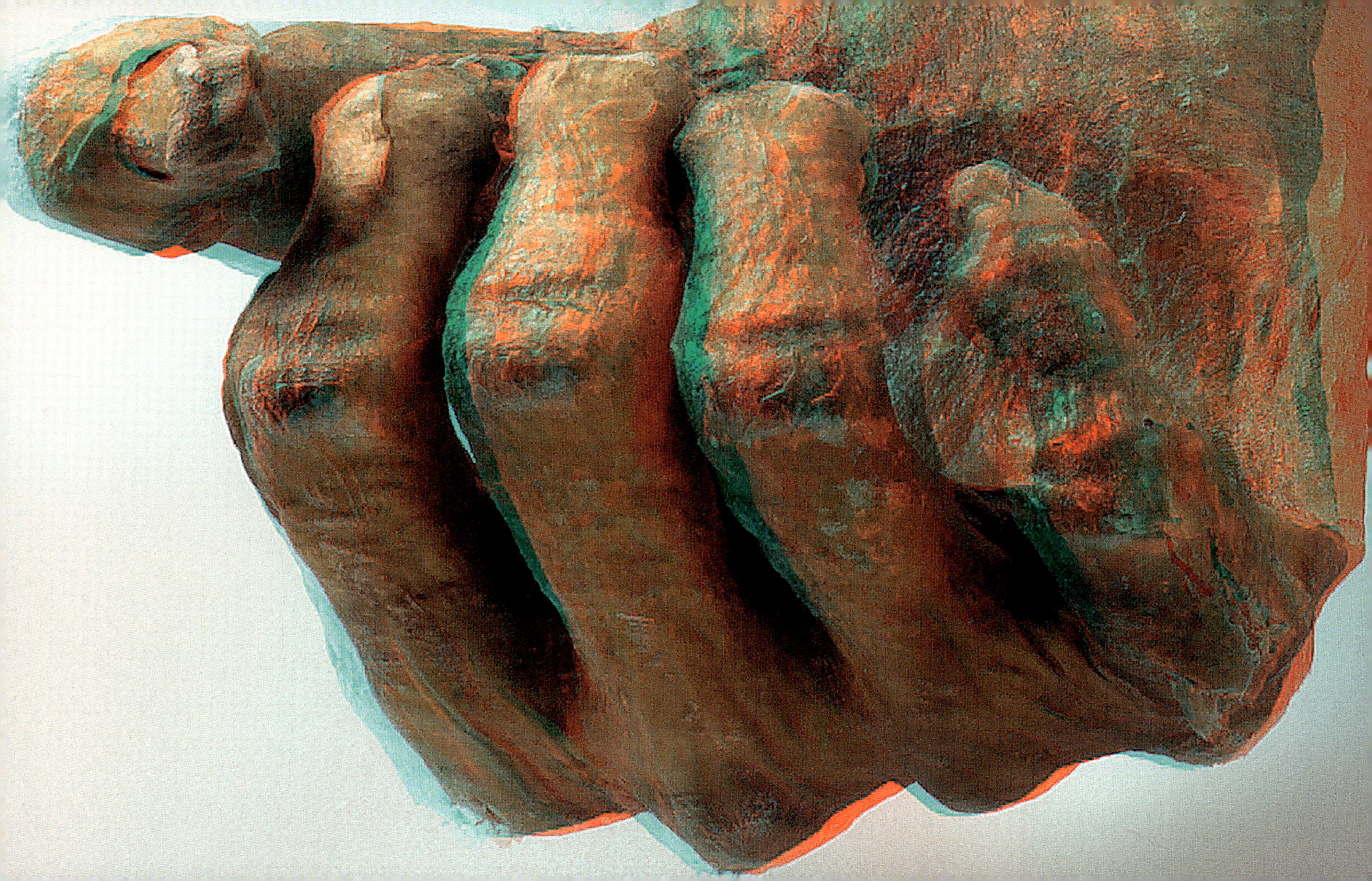

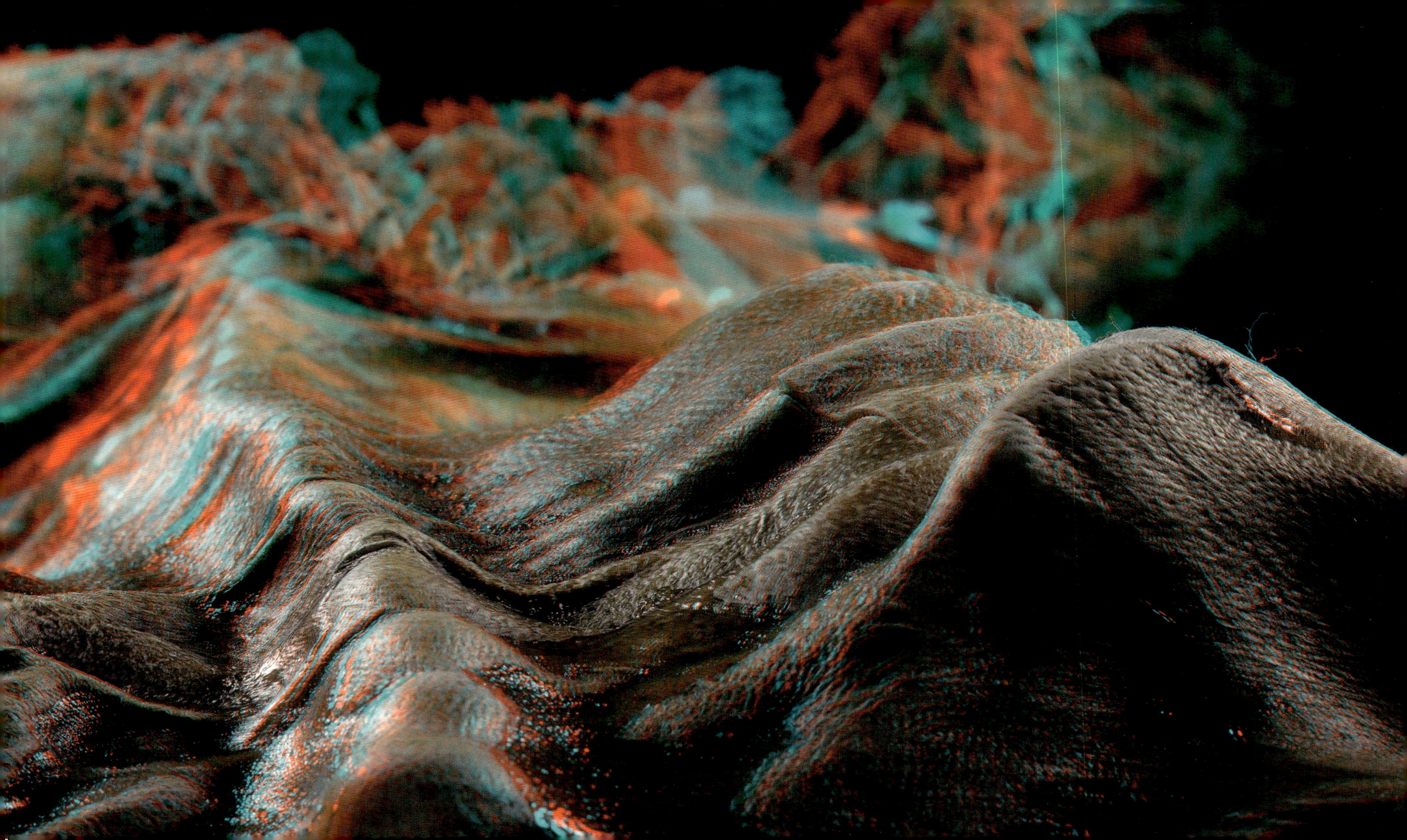

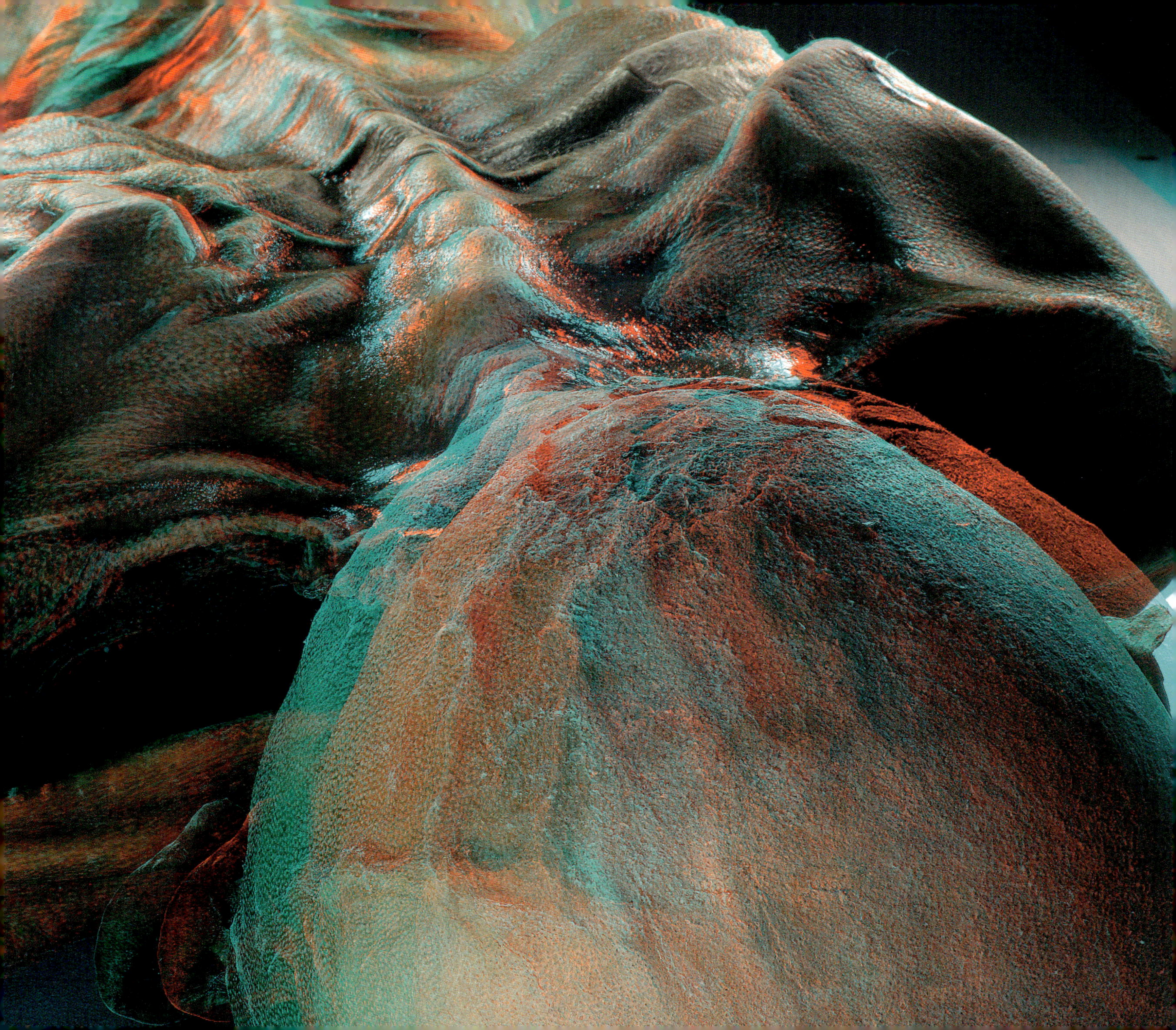

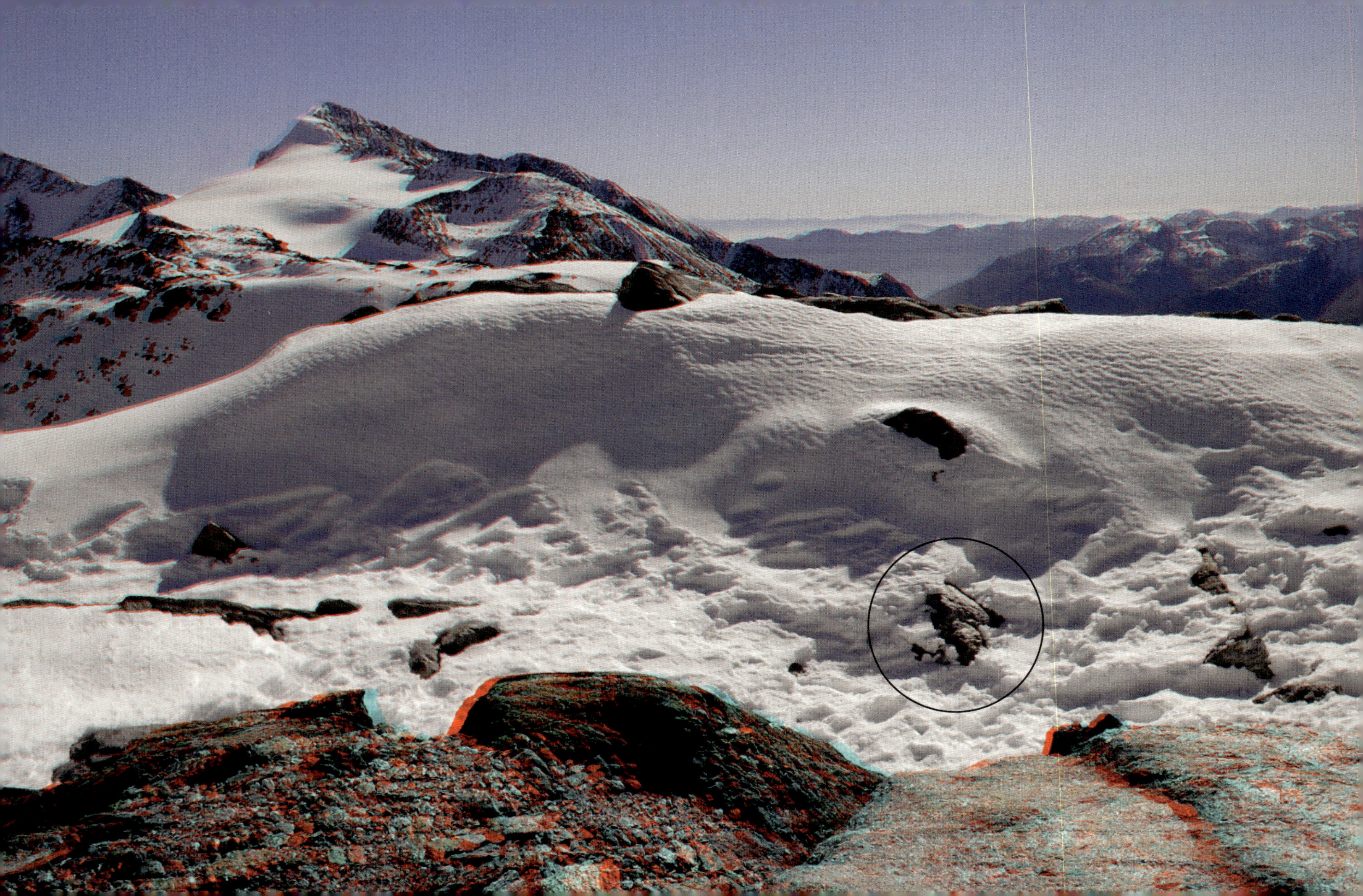

Copyright:

© Dania Chittaro – Drawings page: **6/17**

© Cave art of the Spanish Levant (Guilaine Zammit, 1998) – Drawings page: **7**

© Paul Hanny – Photo page: **8**

© Samadelli Marco – Photos page: **9/56/70/71**

© South Tyrol Museum of Archaeology/Samadelli Marco – Photos page: **10/12/13/14/15/22**

© Archaeological Finds Office of the Autonomous Province of Bolzano – Photo page: **11**

© Archaeological Finds Office of the Autonomous Province of Bolzano/Samadelli Marco – Photo page: **16**

© Bolzano General Hospital/Department of Radiology – Photos page: **17/19**

© South Tyrol Museum of Archaeology/EURAC/Samadelli Marco/Gregor Staschitz – **All other photos**

All rights reserved. Reproduction in whole or in part without written permission of EURAC Research is prohibited.
Tutti i diritti sono riservati. È proibita ogni riproduzione intera o parziale di testi ed immagini senza autorizzazione scritta di EURAC Research.
Alle Rechte vorbehalten. Die ganze oder teilweise Übernahme und Nutzung der Texte und der Bilder bedarf der schriftlichen Zustimmung der EURAC Research.

EURAC Research INSTITUTE FOR MUMMIES AND THE ICEMAN / Druso Str. 1, 39100 Bolzano - Italy / e-mail: mummies.iceman@eurac.edu

Special thanks to - Ringraziamenti speciali - Besondere Danksagungen:

Bernd Schnitzer, Bruno Ciola, Dania Chittaro, Denny Staschitz,

Eduard Egarter Vigl, Francesca Rollandini, Gregor Staschitz,

ICT-Eurac, Iris Pichler, Jim Crittenden, Oliver Peschel,

the South Tyrol Museum of Archaeology,

Rosanna Errico for the thorough revision of the texts and

to Lorenzo Dal Ri, Director of the Archaeological Finds Office of the Autonomous Province of Bolzano, for his valuable advice.